Sabrina Reichel

Hilfe, es klingelt!

Besuchertraining für überfreundliche, überdrehte
und überwachungsfixierte Hunde

© 2016 KYNOS VERLAG Dr. Dieter Fleig GmbH
Konrad-Zuse-Straße 3, D-54552 Nerdlen/Daun
Telefon: 06592 957389-0
Telefax: 06592 957389-20
www.kynos-verlag.de

Grafik & Layout: Kynos Verlag
Gedruckt in Lettland

ISBN 978-3-95464-102-4

Bildnachweis: Sabrina Reichel, Vera Kürzdörfer, Kerstin Sakalow, Petra Pleschko, Ines Dittmar, Jana Hansl, Kynso Archiv, Titelfoto www.fotolia.de/javier brosch,
S. 10 www.fotolia.de/chalabala
Alle Zeichnungen Nicole Hilgers

 Mit dem Kauf dieses Buches unterstützen Sie
die Kynos Stiftung Hunde helfen Menschen
www.kynos-stiftung.de

Inhaltsverzeichnis

Einleitung

Es klingelt an der Tür und los geht's – Ihr Hund schlittert bellend um die Ecke und sprintet zur Tür, um dort mit seinem Radau weiterzumachen. Sie hetzen hektisch hinterher, um ihn wieder ruhig zu bekommen. Und dann kommt die schwierigste Aufgabe – den Hund beruhigen, sodass der Besuch überhaupt eintreten kann.

Sind Ihnen solche Situationen bekannt?

Mir ging es eine Zeit lang ähnlich. Und das Ganze nicht nur mit einem, sondern mit zwei Hunden, die sich gegenseitig hochgeschaukelt haben. Das war stressig und entsprach nicht meiner Vorstellung davon, entspannt Besuch willkommen zu heißen.

Gäste zu empfangen ist etwas Schönes für uns. Die Familie oder Freunde kommen zum Kaffeetrinken oder zu einem gemeinsamen Spieleabend – auf jeden Fall soll es ein fröhliches Zusammentreffen sein.

Doch wenn der Vierbeiner nicht mitspielt, kann das Ganze schnell aus dem Ruder laufen. Stress für beide Seiten ist vorprogrammiert und es stellt sich bereits bei dem Gedanken an Besuch ein dumpfes Gefühl in der Bauchgegend ein.

Aber ich kann Sie beruhigen – es ist machbar, dass Sie entspannt Besuch empfangen können, und das, ohne den ganzen Abend mit Terz von Seiten Ihres Hundes zu verbringen.

Arbeiten Sie sich Stück für Stück durch das Buch und erfreuen Sie sich bald an Ihrem Hund – dem höflichen vierbeinigen Gastgeber.

Ihre Sabrina Reichel

Es klingelt –
der Horrortrip beginnt

Die Klingel ertönt und Ihr Hund springt los Richtung Tür und veranstaltet ein großes Begrüßungskonzert. Er ist aufgeregt und weiß seinen Emotionen nur durch Bellen und Springen Ausdruck zu verleihen. Das ist es, was wir als Menschen sehen. Für die meisten von uns ist dieses Verhalten nicht erwünscht und bringt Stress in den Alltag. Besuch herein lassen oder das Paket vom Postboten entgegennehmen ist so kaum möglich.

Das ist aber nur die eine Seite der Medaille. Bevor wir überhaupt daran denken können, dieses Verhalten zu ver-ändern, müssen wir uns einmal darüber klar werden, was eigentlich bei Ihrem Hund in dieser Situation passiert. Warum verhält er sich so aufbrausend und unkontrollierbar? Ist es wirklich nur Freude und Aufregung, oder steckt viel mehr dahinter, wie Stress oder Angst?

Aufregung

Ablauf von typischen Besuchssituationen

Laden wir Besuch zu uns nach Hause ein, läuft das normalerweise folgendermaßen ab:

Die Wohnung bekommt noch einmal den letzten Feinschliff und wir ziehen uns schöne Klamotten an. Nun kommt der Tisch an die Reihe und wird schön gedeckt. Jetzt geht es an das Kochen und es wird ein leckeres Essen oder ein Kuchen für den Besuch gezaubert.

Da klingelt es plötzlich an der Haustür! Jetzt erst beginnt der richtige Tumult! Wir lassen alles stehen und liegen und laufen zur Tür. Wir öffnen die Tür und es beginnt das menschliche Begrüßungszeremoniell – Händeschütteln, Abdrü-cken, Umarmen, freudig und in etwas höherer Tonlage werden Worte ausgetauscht. Kurz gesagt: im Vorzimmer oder im Flur herrscht Gedränge und reges Treiben.

Und da kommt Ihr Hund ins Spiel. Er muss natürlich mit zur Haustür düsen. Durch Ihre Aufregung angestachelt, bellt er vielleicht schon und gibt lautstark kund, dass er natürlich bei dem ganzen Treiben mit von der Partie sein möchte. Warum auch nicht?

Unweigerlich wird Ihrem Hund Aufmerksamkeit geschenkt. Entweder von Ihnen oder Ihrem Besuch. Sei es, weil Sie versuchen, Ihren Hund wegzuschicken und zu beruhigen, oder aber weil Ihr Besuch Ihren Hund anspricht und damit ungewollt für das Anspringen belohnt.

Das ist eine typische Situation, die ich auch immer wieder bei meinen Kunden erlebe.

In dieser Situation stecken viele Kleinigkeiten, die Ihren Hund in seinem Verhalten verstärken:

- Zuerst einmal ist das Klingeln eine klare Abwechslung im Alltag. Plötzlich auftretenden Situationen schenkt man natürlich Beachtung – ganz logisch. So ist es auch für Ihren Hund. Beachtung wird in der Regel allem geschenkt, das entweder einen Überraschungseffekt hat und plötzlich bzw. unerwartet auftritt, neu oder für uns wichtig ist.

- Wenn etwas plötzlich auftritt, passt der Reiz meist nicht zu der bisherigen Situation, die Ruhe und der Alltag werden unterbrochen.

- Und wenn es zudem noch etwas Neues ist, wie unbekannter Besuch, dann muss dieser erst einmal eingeordnet werden.

- Dadurch, dass wir dem Besuch Aufmerksamkeit geben, ist für Ihren Hund klar, dass dieser wichtig sein muss. Und das möchte er natürlich auch nicht verpassen, im Gegenteil, er möchte mit im Geschehen dabei sein.

- Zudem bekommt Ihr Hund sehr viel Aufmerksamkeit für das Bellen und hektische Rennen zur Tür, also für unerwünschtes Verhalten. Ich würde hier sogar noch einen Schritt weitergehen und sagen, dass sich Ihr Hund, je mehr Aufmerksamkeit er bekommt, desto schlechter benimmt. Also warum sollte er sich anders verhalten?

- Ja, aber ich schimpfe doch mit meinem Hund, er bekommt gar keine nette Aufmerksamkeit! Denken Sie sich das jetzt? Sie haben Recht, er erhält keine nette Aufmerksamkeit in diesem Moment. Doch mit der Aufmerksamkeit verhält es sich etwas anders. Ihr Hund zeigt ein Verhalten, und solange dieses sich lohnt und er zu seinem Ziel kommt – zum Besuch zu gelangen und mit dabei zu sein – wird es nicht abebben, ganz im Gegenteil, es wird verstärkt gezeigt werden.

- Aufmerksamkeit kann ein kleiner Blick zum Hund sein, ein genervtes Seufzen, ein Wegschieben oder auch der ständige Versuch, Ihren Hund auf seine Decke zu schicken. Das alles versteht Ihr Hund als Aufmerksamkeit, und so bekommt er Aufmerksamkeit für das Verhalten, das eigentlich unerwünscht ist.

- Und jetzt wird es noch ein bisschen schwieriger. Durch die ganze Aufregung und das „den Besuch sofort hereinlassen wollen", bleibt so gut wie keine Zeit, um Ihrem Hund für richtiges Verhalten Aufmerksamkeit zu schenken und ihn dafür zu belohnen. Wir möchten ja nicht unhöflich sein und den Besuch warten lassen oder unser Päckchen verpassen. Doch genau durch diese Hektik entstehen falsche Verknüpfungen für Ihren Hund und Fehler im Timing sind unvermeidlich. Ihr Hund wird so nie die Chance bekommen, für erwünschtes Verhalten Aufmerksamkeit zu bekommen oder belohnt zu werden.

Welche Situationen lösen bei einem Hund Bellen oder Aufregung in Besuchssituationen aus?

Nicht jeder Hund reagiert bei jeder Kleinigkeit an der Tür mit Aufregung und Gebell. Bei manchen Hunden gibt es lediglich Tumult, wenn der Postbote kommt, bei anderen beginnt die Aufregung bereits, wenn ein fremdes Auto in den Hof fährt.

Freund oder Feind? – oder: Begrüßt oder bewacht Ihr Hund?

Nicht immer ist ein Hund freundlich gestimmt, wenn Besuch oder der Postbote zu Ihnen kommen. Doch woran können Sie erkennen, ob Ihr Hund den „Eindringling" als Freund oder Feind wahrnimmt?

Wenn Ihr Hund sich freut und den Besuch wirklich begrüßen möchte, dann kann es zwar sein, dass er bellt und sich immens aufregt, jedoch ist er freundlich gesinnt. Es kann sein, dass er fiept und winselt, er möchte zu dem Besuch hin und ihn abschnüffeln, vielleicht sogar ablecken. Seine Rute wedelt tief zügig hin und her und er läuft herum.

Auch kann es sein, dass Ihr Hund versucht, an die Mundwinkel des Besuchs zu kommen, um an diesen zu lecken. Das ist ein Zeichen von passiver Unterwerfung und ist oft sehr typisch für junge Hunde.

Ihr Hund ist innerlich aufgeregt, aber freudig erregt.

Beim Bewachen hingegen ist Ihr Hund ebenfalls aufgeregt, aber nicht aus Freude, sondern aus Wut oder Angst, dass jemand in sein Territorium gelangt.

Viele Hunde bewachen „ihr" Grundstück.

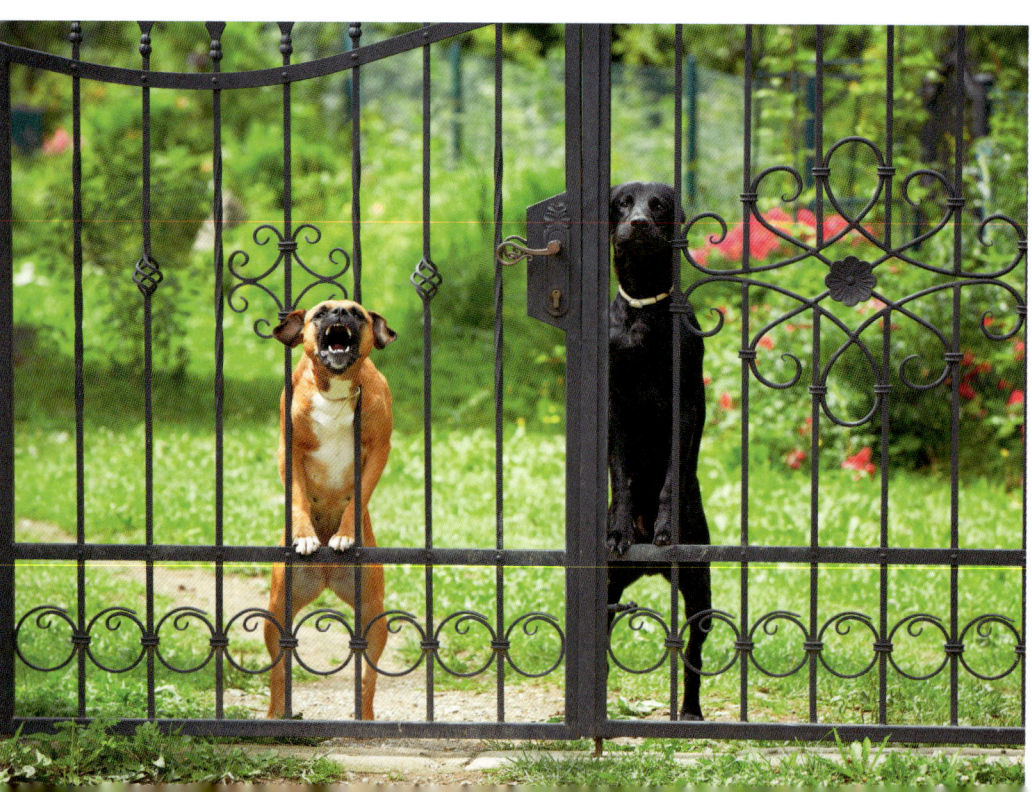

Bewachen ist einerseits Veranlagung und liegt manchem Hund einfach im Blut, andererseits ist es aber auch Übungssache.

Ein Welpe beginnt nicht mit dem Bewachen seines Hauses, es entwickelt sich. Der Beginn ist hier ganz klar die Aufregung, wenn Besuch kommt.

Wenn Sie sich intensiver mit dem Territorialverhalten bei Ihrem Hund beschäftigen möchten, empfehle ich Ihnen das Buch „Betreten verboten" von Inga Jung, das ebenfalls im Kynos Verlag erschienen ist.

Verhalten hat immer eine Ursache …

Bellend zur Tür rennen, Besuch stürmisch begrüßen oder gar nicht in das Haus lassen – das sind alles Verhaltensweisen, die wir beobachten können, jedoch kann die Emotion dahinter immer eine andere sein.

- **Aufregung**: Ihr Hund hat gelernt, dass Besuch Aufregung bedeutet. Immer, wenn es klingelt, kam Besuch und es wurde spannend. Ein Hund kann hier sehr schnell einen Zusammenhang herstellen und Verhaltensketten bilden – Klingel, Besuch kommt, Aufregung geht los. Diese Aufregung zeigt sich schlussendlich immer früher.

- **Unsicherheit**: Es kann auch sein, dass Ihr Hund durch den Besuch Unsicherheit empfindet. Er weiß nicht, was auf ihn zukommt und das verunsichert ihn.

- **Stress**: Stress ist ein erhöhter Erregungszustand des Organismus eines Lebewesens, der durch Aufregung, Anspannung, Unsicherheit, Angst, Aggression oder Druck ausgelöst werden kann. In diesem Zustand ist das Denken und bewusste Handeln eingeschränkt und es ist Ihrem Hund kaum möglich, bereits gelerntes Verhalten korrekt auszuführen.

Der Warnruf in der sozialen Gruppe

In einer sozialen Gruppe gilt das Bellen oder Anschlagen als Warnruf. Die übrigen Mitglieder der Gruppe werden auf eine kommende Gefahr oder Aufregung aufmerksam gemacht. Die Reaktion der übrigen Gruppenmitglieder ist nun ausschlaggebend für das weitere Vorgehen der ganzen Gruppe. Steigen alle Mitglieder der Gruppe in den Tumult mit ein, steigert sich das Verhalten und es endet im Abwehrverhalten gegenüber des Eindringlings. Bleiben jedoch die meisten Mitglieder der Gruppe entspannt, wird die restliche Gruppe folgen.

Je nach Hundetyp schlägt ein Hund zügiger und ausdauernder an als der andere. Manche würden aber auch jeden Einbrecher sofort hereinlassen. Laut Ray Coppinger ist das Anschlagen und auch das Bellen ein wichtiger Grund gewesen, dass wir Menschen überhaupt mit Hunden zusammen leben.

Das Training geht los

Vorbereitung ist die halbe Miete. Nur wenn Sie schon im Vorfeld durchdacht an das Thema Besuchertraining heran gehen, werden Sie es schaffen, das Verhalten Ihres Hundes nachhaltig zu verändern.

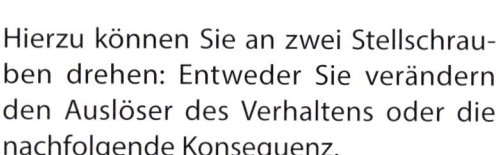

Damit Sie effizient mit Ihrem Hund trainieren können, brauchen Sie ein paar Dinge:

• Sie sollten Ihrem Hund exakt sagen können, wann er etwas richtig gemacht hat.

• Die Trigger, die das unerwünschte Verhalten auslösen, müssen bekannt sein.

• Sie haben eine genaue Vorstellung von dem Verhalten, das Ihr Hund zukünftig zeigen soll.

• Sie verschaffen sich und Ihrem Hund Übungsmöglichkeiten.

Zudem ist es wichtig für Sie zu wissen, wie Sie ein Verhalten verändern können.

Hierzu können Sie an zwei Stellschrauben drehen: Entweder Sie verändern den Auslöser des Verhaltens oder die nachfolgende Konsequenz.

Ein Auslöser (Trigger) kann alles sein, vom Geräusch der Klingel über die Stimme des Postboten bis hin zum parkenden Auto.

Die auf das Verhalten folgende Konsequenz wäre entweder eine Belohnung oder eine Bestrafung.

Im Training werden wir an beiden Stellschrauben drehen, Auslöser und Konsequenz, um zum Erfolg zu gelangen.

Der Clicker als Markersignal ist uns im Timing eine enorme Hilfe.

So sagen Sie es Ihrem Hund

Timing ist im Hundetraining ein wesentlicher Faktor, um Verhalten gezielt verändern zu können. Doch manchmal sind unsere Hunde einfach schneller in ihrem Tun, als wir reagieren können. Die Belohnung oder auch Strafe kommt immer wieder zu spät und ist für Ihren Hund dadurch nicht mehr eindeutig zuzuordnen.

Jedoch gibt es eine geniale Möglichkeit, um das Timing zu verbessern. Hier helfen uns die sogenannten Markersignale.

Ein Markersignal kann ein Wort oder auch ein Geräusch sein und bekommt für Ihren Hund die Bedeutung:

„Gut gemacht, gleich bekommst du eine Belohnung."

Dadurch, dass Sie das Wort schnell aussprechen können, werden Sie im Timing um ein vielfaches genauer sein, als wenn Sie Ihrem Hund das Leckerli direkt anbieten. Sie haben also einen Timingvorteil, in dem Sie Ihrem Hund genau Feedback geben, welches Verhalten richtig war.

Zudem sind Sie nicht darauf angewiesen, sofort ein Leckerli in der Hand parat haben zu müssen. Auch wenn es ein paar Sekunden dauert, bis Sie dieses aus Ihrer Tasche ziehen, kann Ihr Hund das Verhalten immer noch mit der Konsequenz verknüpfen.

Um Ihrem Hund beizubringen, was der Marker nun genau bedeutet, brauchen Sie vorerst nur zwei Dinge:

Einen Marker und einige tolle Belohnungen.

> **Gut zu wissen!**
>
> *Um ein Verhalten mit einer Konsequenz zu verknüpfen, bleibt uns als Mensch nur eine geringe Zeitspanne von maximal zwei Sekunden. Das ist wirklich sehr gering. Doch der Marker hilft uns, einen Puffer für diese Zeitspanne zu schaffen.*

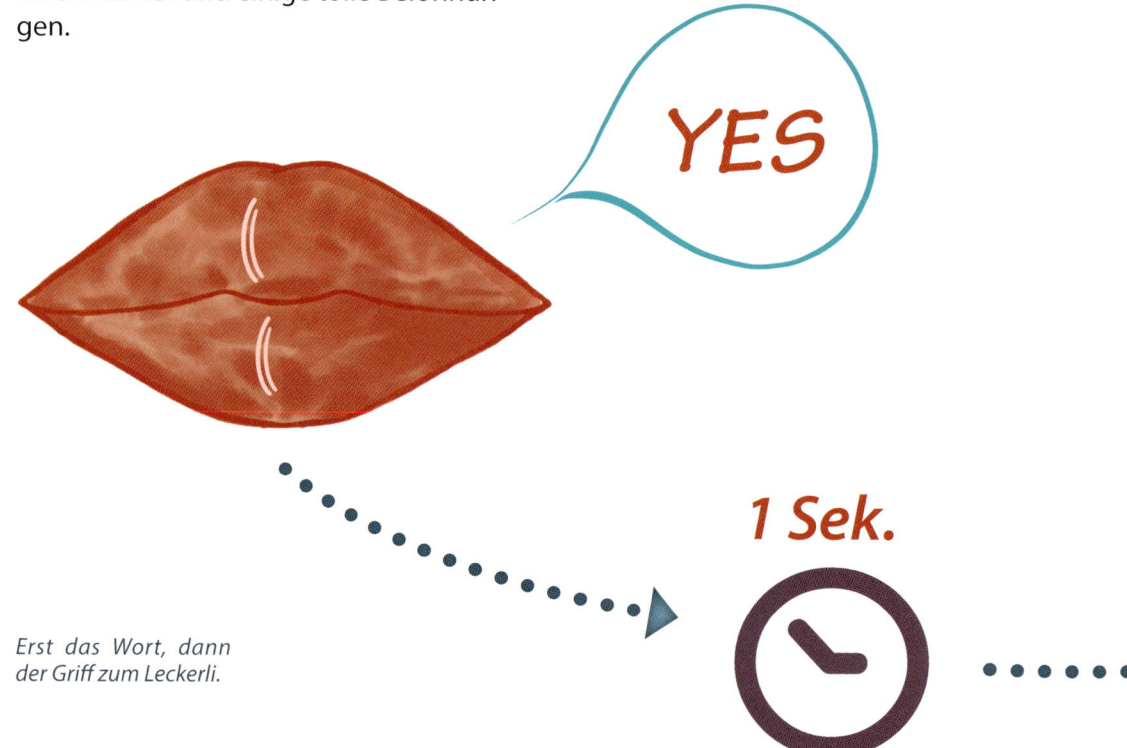

Erst das Wort, dann der Griff zum Leckerli.

Ihr Marker kann ein bestimmtes Wort wie „Yes", „Top" oder „Zack" sein, aber auch ein Geräusch wie der Clicker oder Zungenschnalzen.

Wählen Sie die Variante, die für Sie am einfachsten ist.

Als Belohnungen eignen sich klein geschnittener Käse oder Wurst, da diese für die meisten Hunde sehr hochwertig sind.

Halten Sie nun die Leckerlis in einer Futtertasche parat.

Sagen Sie das Markerwort oder produzieren Sie das Geräusch und greifen Sie anschließend in die Leckerlitasche, um Ihrem Hund sein Goodie zu geben.

Wiederholen Sie das mehrmals an verschiedenen Orten und Zeiten.

> **Wichtig!**
> *Achten Sie darauf, dass Sie das Leckerli noch nicht in Ihrer Hand haben, wenn Sie den Marker geben. Ihr Hund soll lernen, dass erst nach dem Marker die Belohnung folgt. Halten Sie das Leckerli schon in Ihrer Hand, wird die Verknüpfung für ihn erschwert.*

Trigger bestimmen

Jetzt geht es langsam an das Ein-
gemachte. Doch Sie brauchen noch
ein paar kleine Schritte, bevor Sie mit
dem Training starten können. Zunächst
müssen Sie herausfinden, was bei Ihrem
Hund das unerwünschte Verhalten aus-
löst.

Beginnt Ihr Hund erst, wenn der Besuch
zur Tür hereinkommt, unerwünschtes
Verhalten zu zeigen, oder bereits, wenn
es klingelt?

Um effektiv trainieren zu können, ist es
wichtig, dass Sie sich genau bewusst
machen, welche Situationen Ihren Hund
zum Reagieren veranlassen. Erst dann
haben Sie die Möglichkeit, Ihren Trainingsplan daraufhin abzustimmen und
können auch entscheiden, welches Verhalten Ihr Hund zukünftig
zeigen soll.

Mögliche Auslöser könnten
sein:

• Klingelton

• Klopfen an der Tür

• Schritte im Treppenhaus

• Stimmen im Treppenhaus

• ein Auto, das vor das Haus fährt

- die Autotür, die zugeht

- Besuch, der durch die Tür kommt

- Besuch, der sich im Haus bewegt

- der Postbote, der ein Paket abgeben will

- der Postbote, der einen Brief in den Briefkasten wirft

- Sichtreize (Hund sieht Besuch durch das Fenster)

Der höfliche Gastgeber

Wie stellen Sie sich die Besuchssituation eigentlich vor? Welches Verhalten soll Ihr Hund zeigen, wenn Besuch kommt?

Darf er bellen oder soll er, wenn es klingelt, direkt auf seine Decke laufen?

Darf er den Besuch begrüßen oder nicht, oder nur manchmal?

Überlegen Sie sich genau, was Sie sich von Ihrem Hund wünschen, damit Sie gezielt an dem Verhalten trainieren können.

Ihr Ziel könnte so aussehen:

Es klingelt und Ihr Hund bellt zwei oder drei Mal und schaut Sie anschließend erwartungsvoll an. Sie stehen auf und gehen zur Tür, Ihr Hund setzt sich währenddessen auf seinen Platz.

Sie öffnen die Tür und begrüßen Ihren Besuch. Ihr Hund hingegen wartet ruhig.

Auf Ihr Signal hin steht er auf und begrüßt ebenfalls Ihren Besuch im Sitzen.

Sie gehen anschließend zusammen mit Ihrem Besuch in das Wohnzimmer, Ihr Hund legt sich entspannt ab.

So sieht entspanntes Empfangen von Besuch aus.

Management

In den nachfolgenden Kapiteln gebe ich Ihnen eine Reihe von Möglichkeiten an die Hand, wie Sie Ihren Hund zu einem höflichen Gastgeber erziehen können.

Doch was können Sie solange tun, bis es klappt?

Das Zauberwort heißt „Management".

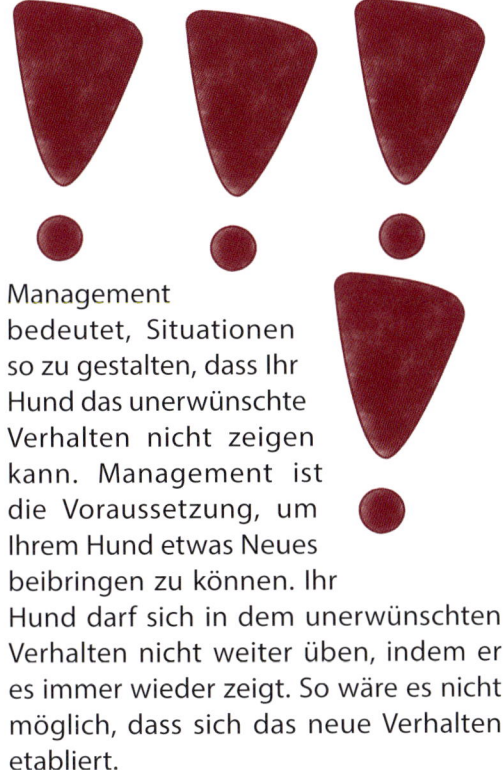

Management bedeutet, Situationen so zu gestalten, dass Ihr Hund das unerwünschte Verhalten nicht zeigen kann. Management ist die Voraussetzung, um Ihrem Hund etwas Neues beibringen zu können. Ihr Hund darf sich in dem unerwünschten Verhalten nicht weiter üben, indem er es immer wieder zeigt. So wäre es nicht möglich, dass sich das neue Verhalten etabliert.

Management ist hilfreich, um etwas Ruhe in bestimmte Situationen zu bekommen und manchmal auch dringend nötig. Es gibt Situationen, die nicht trainiert werden können, weil sie zu gefährlich sind oder aber kaum Möglichkeiten entstehen, diese zu üben.

> **Ganz wichtig!**
>
> *Management ersetzt nicht das Training, es ermöglicht Ihnen jedoch erfolgreiches Training – noch mehr: es schafft Ihnen die nötige Voraussetzung dafür. Je weiter Sie und Ihr Hund im Training voranschreiten, desto weniger Management wird benötigt.*

Management kann bedeuten, dass Sie Ihren Hund an die Leine nehmen, ihm eine große Kaustange zur Verfügung stellen oder aber ihn auch kurzzeitig in ein anderes Zimmer oder in eine Hundebox bringen. Aber auch das gemeinsame Abholen des Besuchs vor dem Haus oder das gemeinsame Hineingehen, stellt vorerst Management dar.

Besuchssituationen

Wenn es an der Tür klingelt, ist es für Ihren Hund immer spannend, wer denn vor der Tür steht. Es kann ein Familienmitglied sein, ein Freund, der Nachbar, der Postbote oder ein ganz fremder Mensch, ein Mann, eine Frau oder ein Kind.

Nicht jeder Hund hat mit allen Situationen ein Problem und ein Hund kann deutlich die verschiedenen Situationen unterscheiden.

Eines haben jedoch alle Situationen gemeinsam: die Besuchssituation beginnt mit einem Auslöser, der für Ihren Hund ankündigt – da kommt Besuch. Erst hier beginnen die Probleme. Das ist auch der Punkt, an dem Sie mit dem Training beginnen.

Vielleicht veranstaltet Ihr Hund ein Bellkonzert und rennt hektisch zur Tür, oder aber er bedrängt den Besuch, wenn er in das Haus möchte.

Gründe, warum Ihr Hund bei Besuch ausflippt

Um für Ihren Hund einen genauen Trainingsplan zu gestalten, ist es für Sie wichtig zu wissen, warum Ihr Hund sich bei Besuch aufregt.

Freut er sich, hat er Angst vor dem Besuch oder zeigt er Aggressionsverhalten, weil er sein Haus verteidigen möchte.

Jedem gezeigten Verhalten liegt eine bestimmte Motivation zu Grunde. Die Motivation treibt Ihren Hund dazu an, sich so zu verhalten und damit ein bestimmtes Ziel zu verfolgen.

Diese drei Motivationen möchten mit ihrem dazugehörigen Verhalten Ziele erreichen. Ein Hund, der aus reiner Menschenfreude bellt und springt, möchte einfach nur Aufmerksamkeit haben. Ein Hund, der aus Angst oder Aggression bellt und knurrt, hat jedoch nur ein Ziel – und zwar den Besuch zu vertreiben. Weg von sich, weg von seinem Zuhause.

Dieses Wissen ist enorm wertvoll für Sie, denn nur so können Sie die Situation für Ihren Hund passend gestalten.

Der Startschuss –
Es klingelt an der Tür

Jetzt geht es los und wir beleuchten die Startsituation – die Türklingel ertönt.

Viele Hunde rennen jetzt wie von der Tarantel gestochen los und stürmen zur Tür, bellen weiter, springen hoch und sind kaum zu beruhigen.

Diese Aufregung ist weder für den Hund noch für uns Menschen toll und schon gar nicht entspannend – im Gegenteil: Sie bedeutet Stress, schon bevor ein Mensch das Haus betritt.

Viel schöner wäre es, wenn Ihr Hund nur ein paar Beller von sich gibt und ruhig warten könnte, bis Sie selbst bei der Tür angekommen sind.

Das Klingelgeräusch als Signal für „Geh zu deinem Menschen"

Die Inititalzündung für das Bellen hat das Geräusch der Klingel für Ihren Hund gegeben. Der Klingelton bedeutet aktuell für Ihren Hund „Achtung, hier passiert gleich etwas. Es kommen Menschen ins Haus."

Diese emotionale Verknüpfung ist rein über klassische Konditionierung entstanden und wird auch durch diese aufrechterhalten.

Immer, wenn es also klingelt, geht es los. Gehetze zur Tür und Aufmerksamkeit gegenüber dem Hund – egal ob im negativen (Schimpfen) oder positiven (Belohnen) Sinne.

Klassische Konditionierung – was ist das?

Bei der klassischen Konditionierung lernt ein Hund, einen für ihn bisher unbekannten Reiz mit einem bekannten zu verknüpfen. Diese Verknüpfung ist voll mit Emotionen und den daraus resultierenden Verhalten.
Bei der klassischen Konditionierung kann der Hund das Lernen nicht willentlich beeinflussen, es passiert einfach.

Weitere Beispiele für die klassische Konditionierung sind:

- Die Kühlschranktür geht auf und Ihr Hund kommt sofort angerannt, weil es etwas zum Fressen gibt. Ihr Hund hat also das Öffnen der Kühlschranktür unbewusst mit etwas Leckerem zum Fressen verbunden.

- Die Leine wird in die Hand genommen und Ihr Hund kommt mit freudiger Erregung angesaust. Er hat die Leine mit dem nachfolgenden Gassigang verknüpft.

- Sie nehmen den Futternapf in die Hand und Ihr Hund beginnt bereits das Sabbern. Er hat mit dem Napf die tägliche Futterration verbunden.

Ziel des Klingeltrainings ist es, die Verknüpfung „Klingelgeräusch = Aufregung an der Tür" zu lösen und stattdessen eine neue entstehen zu lassen.

Die neue Verknüpfung könnte sein:

Es klingelt und

• Ihr Hund schaut bzw. kommt zu Ihnen.

• Ihr Hund läuft zu seiner Decke und bleibt dort.

• Ihr Hund läuft zur Tür und wartet dort auf Sie.

Bedenken Sie!

Je mehr Aufmerksamkeit Ihr Hund Ihnen gegenüber in aufregenden Situationen zeigt, desto empfänglicher wird er für Signale von Ihnen sein. Durch die Aufmerksamkeit Ihnen gegenüber orientiert er sich leichter an Ihnen und kann die von Ihnen ausgesprochenen Signale viel leichter wahrnehmen.

Bis es klappt – Management

Das Geräusch der Türklingel ist für Ihren Hund vielleicht schon ein rotes Tuch und er hat ein Verhalten gelernt, das durch diese ausgelöst wird. Möchten Sie Ihrem Hund nun ein alternatives Verhalten beibringen, ist eines enorm wichtig: Das bisherige Verhalten darf nicht mehr ausgeführt und wiederholt werden.

Denn wenn die Türklingel immer wieder parallel zum Training ertönt und Sie keine Möglichkeit zur richtigen Reaktion haben, wird Ihr Hund es sehr schwer haben, das Geräusch der Türklingel als neues Signal zu verstehen. Aus diesem Grund möchte ich Ihnen hier einige Möglichkeiten vorstellen wie Sie im Alltag trotzdem trainieren können.

Aus alt mach neu – neue Türklingel

Lassen Sie Ihre bisherige Türklingel einfach so, wie sie ist und kaufen Sie eine neue dazu. Mit der neuen Türklingel können Sie ganz entspannt und in aller Ruhe die erwünschte Verknüpfung aufbauen.

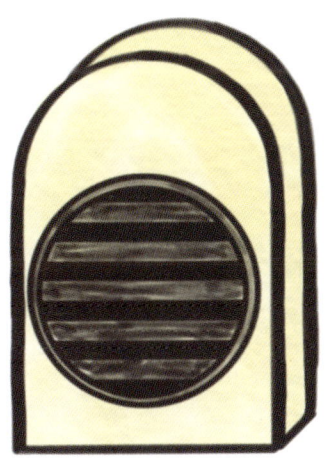

Bitte ruf an!

Eine andere Möglichkeit wäre, dass Sie Ihren Besuch bitten, kurz bei Ihnen anzurufen oder eine SMS zu schreiben, dass er da ist. So würden Sie dem Klingelstress komplett umgehen und hätten entspannt Zeit das gewünschte Verhalten zu etablieren.

Hier empfehle ich, gleich eine Funkklingel zu kaufen, die Sie selbst per Knopfdruck auslösen können. Das Training wird Ihnen durch eine Funkbedienung um einiges leichter fallen. Der Grund dafür ist, dass Ihr Hund keine Vorahnung hat, wann das Geräusch der Türklingel ertönt. Sie müssen weder aufstehen, um die Türklingel zu betätigen, noch jemanden organisieren.

Funkklingeln erleichtern das Training.

Aber Achtung!

Viele Hunde sind so gewieft, dass Sie innerhalb kürzester Zeit erkennen, dass nach dem Telefonklingeln Besuch kommt. Es ist also nur eine kurzfristige Lösung, bis das Training Früchte trägt.

Kauartikel

Eine meiner Kundinnen hatte hierzu eine tolle Idee und klebte einen schön gestalteten Zettel an die Haustür:

Ich muss lernen, Besuch höflich zu begrüßen, deshalb kann es etwas länger dauern, bis mein Mensch an der Tür ist

Kauartikel sind toll und vielseitig einsetzbar. Sie beschäftigen Ihren Hund länger und geben Ihnen die Zeit, zur Tür zu gehen, ohne dass Ihr Hund Ihnen nach hechtet.

Wenn der Postbote klingelt und Sie ein Paket entgegennehmen möchten, sind Kauartikel wirklich perfekt. Sie können ruhig mit den Postboten sprechen und Ihr Hund hat seinen „Job".

Als Kauartikel bieten sich ein lecker gefüllter Kong an sowie Rinderkopfhaut, Rinderpansen oder Ochsenziemer.

Sollte Ihr Hund in einer so hohen Erregungslage sein, dass er keine Kauartikel annehmen kann, versuchen Sie, ihn mit einer großen Handvoll kleinen und weichen Leckerlis wie Wienerle von seiner Erregung herunterzufahren.

Streuen Sie dazu eine komplette Hand voll auf den Boden, sodass Ihr Hund diese zusammen suchen kann. Ihr Hund bekommt so eine Aufgabe, kommt leichter an die Leckereien und wird so seine Aufmerksamkeit teilen.

Ein Kong bringt Ihrem Hund Kauspaß und Ablenkung.

Übungen

Damit Ihr Hund lernt, beim Ertönen der Klingel nicht mehr aus der Haut zu fahren, helfen Ihnen folgende Übungen, die Sie in folgenden Übungskapiteln finden:

• Gegenkonditionierung des Klingeltons (siehe Seite 39)

• Geh auf deine Decke (siehe Seite 50)

• Geh ins Zimmer (siehe Seite 54)

• Ab in die Box (siehe Seite 56)

• Bombensicheres Bleib (siehe Seite 70)

• Ablenkungen steigern (siehe Seite 68)

• Entspannungstraining (siehe Seite 63)

Hallo sagen – Besuch begrüßen und herein lassen

Eine Hürde im Besuchertraining ist immer der erste Moment, in dem Ihr Hund den Besuch sieht und dieser zu Ihnen in die Wohnung kommt. Im Eingangsbereich ist es meist eng, es gibt wenig Platz zum Ausweichen und es entsteht sehr schnell Hektik. Soll Ihr Hund aber höflich auf Ihren Besuch zugehen, ist auch hier eine Struktur nötig.

Wichtig für Sie ist es, noch einmal zu unterscheiden, warum Ihr Hund sich bei Besuch aufregt: aus Freude, Angst oder Aggression. Diese Entscheidung ist wichtig für die nächsten Trainingsschritte, denn jede Motivation braucht eine andere Vorgehensweise.

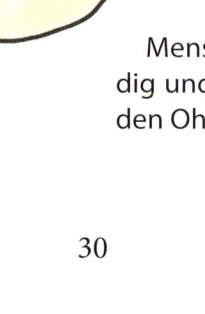

Besuch höflich begrüßen

Besuch, der in die Wohnung kommt, bedeutet meist erst einmal Aufregung. Aufregung, dass etwas passiert und Aufmerksamkeit für den Hund.

Aber es kann auch Stress für Ihren Hund voraussagen, wenn er Angst hat und den Besuch als Eindringling ansieht.

Bei den direkten Begrüßungssituationen empfehle ich, mehrere Dinge zu üben. Es werden verschiedene Menschen zu Ihnen kommen wie Familie und Freunde, aber auch Handwerker oder Versicherungsvertreter. Der eine möchte Kontakt zu Ihrem Hund, der andere nicht. Beides muss beachtet werden und dementsprechend soll Ihr Hund auch reagieren.

Beim Postboten oder Handwerker ist es am sinnvollsten, dass Ihr Hund warten lernt und nicht zu dem Besuch hingeht. Bei Freunden und Familienmitgliedern, die auch Kontakt mit Ihrem Hund möchten, sollte er mit vier Pfoten am Boden begrüßen und sich danach wieder entspannen.

Freudiges Begrüßen

Menschen sind toll, am besten ständig und jederzeit! Eine Hand, die hinter den Ohren krault und uns ihre volle Aufmersamkeit schenkt – sieht Ihr Hund so Ihren Besuch?

Viele Hunde freuen sich einfach über jeden Besuch. Sie möchten ihn am liebsten von oben bis unten beschnuppern, sich streicheln lassen und ihm nicht mehr von der Pelle rücken. Doch nicht jeder Besuch freut sich ebenfalls so über den stürmischen Vierbeiner.

Ihr Hund darf in diesem Fall also lernen, dass er Besuch höflich und mit vier Pfoten am Boden begrüßen kann, aber auch, dass es manche Menschen gibt, die nicht die gleiche Zuneigung empfinden wie er.

Vorsicht, Gefahr!

Für die meisten Hunde ist ihr Zuhause ein Ort der Sicherheit. Hier können sie sich entspannen und haben nichts zu befürchten. Doch wenn plötzlich ein anderer Mensch in diese Sicherheitszone hereinkommt, bedeutet das Gefahr. Gefahr für die eigene Sicherheit! Es entsteht ein Gefühl von Unbehagen, Unsicherheit und Angst.

Was ist Angst eigentlich?
Angst ist ein Gefühl, und zwar ein sehr starkes, das genetisch tief im Hund verankert ist und von den unterschiedlichsten Reizen und Situationen ausgelöst werden kann. Angst ist eine Funktion des Nervensystems und soll das Lebewesen vor einer Gefahr schützen.

Woran erkennen Sie Angst?
Die eindeutigsten Anzeichen von Angst sind natürlich Meiden, Fliehen und Verstecken. Ihr Hund versucht, durch genau diese Verhaltensweisen Distanz zwischen sich und den Angstauslöser zu bringen. Ist Fliehen nicht mehr möglich oder bringt ihm das keinen Erfolg, kann das Verhalten auch umschwenken und Ihr Hund zeigt Aggression. Aggressionsverhalten wird aus Angst immer dann gezeigt werden, wenn Ihr Hund keine Chance hat, zu meiden oder zu fliehen, also Abstandsuchen keinen Erfolg bringt.

Ebenso kann das Einfrieren von allen Bewegungen, außer Atem – und Augenbewegungen, ein Zeichen von Angst sein. Er bereitet sich so auf die Flucht vor.

Achten Sie bei Ihrem Hund auch auf seinen Körperschwerpunkt. Ein Hund, der Angst hat, verlagert seinen Körperschwerpunkt nach hinten, er ist abgeduckt, hat den Rücken aufgebogen und teilweise die Rute unter seinen Bauch geklemmt. Ebenso sind die Ohren nach hinten gelegt, sein Kiefer ist angespannt und die Lefzen sind spitz nach hinten gezogen.

Weniger deutliche Anzeichen von Angst sind erweiterte Pupillen, plötzliche Schuppenbildung auf dem Rücken, Hecheln und auch ein veränderter Herzschlag.

Die Angst überwinden

Bevor mit dem eigentlichen Training begonnen werden kann, ist es wichtig, dass Ihr Hund in Sicherheit gebracht wird. Dies bedeutet, dass der Besuch nicht ungefragt an ihn herankommt und in begrapschen kann. Aber auch, dass er nicht mitten im Geschehen ist.

Wir beginnen also auch hier zuerst mit Management, um Ihrem Hund ein Umlernen zu ermöglichen.

Ein guter Platz hierfür wäre sein Körbchen oder eine Hundebox, die Sie strategisch gut positionieren. Sie sollte so im Raum stehen, dass Ihr Hund zwar den Besuch sieht, der Besuch aber nicht frontal auf Ihren Hund zuläuft und auch nicht ständig an ihm vorbei muss.

Alternativ ginge auch ein anderer Raum, vorausgesetzt, Ihr Hund fühlt sich dort wohl.

Gut zu wissen!

Angst kann nicht einfach wegtrainiert werden. Bei Angst ist ein gefühlvolles Vorgehen enorm wichtig. Im Angstzustand ist es einem Lebewesen nicht möglich, objektiv zu denken, es handelt nach seinem inneren Empfinden, und das nicht immer logisch. So kann es auch sein, dass ein Hund Angst hat, aber aggressiv nach vorne geht und den Besuch angreifen möchte.

Besuch ist der Eindringling

Nicht jeder Hund findet einen neuen Menschen in „seinem" Zuhause prickelnd.

Vielleicht ist er ein Feind, der ihm sein Territorium streitig machen möchte oder aber er belästigt seine Menschen.

Es ist toll, wenn uns unsere Hunde beschützen möchten und auf das Grundstück aufpassen, jedoch ist es in unserer Gesellschaft schwierig, mit solch einem Verhalten umzugehen.

Was ist Aggression?

Aggression gehört zum ganz normalen Hundeverhalten und dient dazu, sich gegenüber einer Bedrohung zu wehren oder eine Ressource zu verteidigen.

Was ein Hund als Ressource ansieht, entscheidet im Zweifelsfall immer er selbst.

Woran erkennen Sie Aggression?

Bevor ein Hund deutlich aggressives Verhalten zeigt, versucht er normalerweise zuerst, mit Konfliktsignalen die Situation zu entschärfen. Hierzu zählen Blinzeln, Gähnen oder Züngeln sowie Kopf oder Blick abwenden und das Anheben der Vorderpfote.

Bringt diese Kommunikation keinen Erfolg, muss er einen Schritt weiter gehen. Seine Bewegungen werden starrer oder sein Körper erstarrt komplett. Sein Blick wird hart, er beginnt zu knurren und auch zu schnappen.

Helfen auch diese Signale nicht weiter, bleibt dem Hund nur noch der direkte Weg nach vorne und er beißt zu.

> **Merke:**
>
> Umso weniger Bewegung im Hundekörper stattfindet, desto heikler ist die Situation.

Gegen Aggression vorgehen

Wenn es um Aggressionsverhalten bei einem Hund geht, ist es sehr wichtig, dass Sie für sich und Ihren Besuch Sicherheit schaffen. Sie müssen das Gefühl der Kontrolle über die Situation haben, nur so können Sie Ihren Hund souverän trainieren und auch Ihrem Besuch die Sicherheit geben, die er braucht, um entspannt bei Ihnen im Wohnzimmer sitzen zu können.

Auch hier geht es im ersten Schritt um die Veränderung der Emotion des Hundes, bis er den Besuch nicht mehr als Erzfeind betrachtet.

Bis es klappt – Management

Ihr Hund wird zu Beginn noch nicht selbstständig auf der Decke bleiben und das Anspringen kommt garantiert noch häufiger vor.

Aus diesem Grund ist auch hier Management sehr empfehlenswert, so dass sich keine Fehler einschleichen.

Kausachen bereithalten

Kauen beruhigt und gibt Ihrem Hund etwas zu tun. Aus diesem Grund sind Kausachen wie gefüllte Kongs, Rindersehnen oder andere Kauartikel ein geniales Hilfsmittel, um Ihren Hund abzulenken, während Sie mit dem Besuch an der Haustür beschäftigt sind.

Wichtig hierbei ist nur, dass Sie die Kausachen immer griffbereit haben.

Legen Sie sich einige Kauartikel in der Küche oder im Flur zurecht, sodass Sie auf dem Weg zur Haustür direkt Zugriff haben.

Die Leine als treuer Helfer

Springt Ihr Hund Ihren Besuch immer wieder gerne an oder ist er nicht sehr erpicht auf diesen, kann die Begrüßung mitunter sehr stürmisch und rabiat ausfallen. Um dies zu verhindern, nehmen Sie Ihren Hund auch in Ihrer Wohnung an die Leine, bis er ein Alternativverhalten gelernt hat.

Die Leine wird Ihnen und auch Ihrem Besuch in dieser Situation ein Gefühl von Sicherheit geben. Ihr Hund kann das unerwünschte Verhalten nicht zeigen und Sie können ganz entspannt das neue Verhalten etablieren.

Bitte achten Sie darauf, dass die Leine nur zum Halten Ihres Hundes eingesetzt wird. Daran herumzurucken oder den Hund einfach nur damit wegzuziehen, ist weder zielführend noch wünschenswert.

Hier sind spezielle Hausleinen geeignet, die sehr leicht und dünn sind und auch sehr kleine Karabiner haben. Alternativ sind auch Katzenleinen möglich.

Besuch von draußen abholen
Für viele Hunde ist es einfacher, den Besuch draußen auf der Straße kennen zu lernen und dann erst zusammen in das Haus zu gehen.

Den Besuch nicht erst im Hauseingang zu begrüßen, sondern viel früher, ist eine tolle Möglichkeit, den ersten Stress vorübergehend zu umgehen. Der Hund kann den Besuch in relativ neutraler Gegend kennen lernen.

So hat er die Möglichkeit, sich außerhalb seines Territoriums in Ruhe mit dem neuen Menschen zu beschäftigen, und das Erregungsniveau im Haus wird gering gehalten.

Hausleinen sind besonders dünn und leicht.

Übungen

Den Besuch nicht anspringen, entspannt durch den Raum gehen lassen und nicht bedrängen – so verhält sich ein höflicher vierbeiniger Gastgeber. Um das zu erreichen, werden Ihnen im Übungskapitel nachfolgende Übungen helfen:

Wenn Ihr Hund sich freut:

• die Sitzdose (siehe Seite 48)

• Vier Pfoten auf Boden (siehe Seite 46)

• Geh auf deine Decke (siehe Seite 50)

• Bombensicheres Bleib (siehe Seite 70)

• Ab in die Box (siehe Seite 56)

• Ablenkungen steigern (siehe Seite 68)

Wenn Ihr Hund Angst hat:

• Gegenkonditionierung des Besuchs (siehe Seite 44)

• Geh ins Zimmer (siehe Seite 54)

• Ab in die Box (siehe Seite 56)

• Entspannungstraining (siehe Seite 63)

• Ablenkungen steigern (siehe Seite 68)

Wenn Ihr Hund Aggression zeigt:

• Gegenkonditionierung auf den Besuch (siehe Seite 44)

• Geh ins Zimmer (siehe Seite 54)

• Ab in die Box (siehe Seite 56)

• Maulkorbtraining (siehe Seite 60)

• Entspannungstraining (siehe Seite 63)

• Ablenkungen steigern (siehe Seite 68)

• Bombensicheres Bleib (siehe Seite 70)

Aufbruchstimmung –
Der Besuch geht wieder

Ihr Besuch war nun schon einige Zeit bei Ihnen und Ihr Hund hat sich entspannt auf seine Decke zurückgezogen. Doch im Nu ist er glockenhell wach: Ihr Besuch steht auf und bewegt sich. Egal, ob er auf die Toilette muss oder aber sich verabschieden möchte, für Ihren Hund bedeutet das wieder eine neue Situation, mit der er umzugehen hat.

Der Aufbruch

Wenn Ihr Besuch nach einem schönen Nachmittag oder Abend wieder geht, entsteht zuerst einmal Unruhe. Unruhe durch Aufstehen, Stühlerücken, es wird meist etwas lauter und die Menschen beginnen sich zu umarmen und sich zu verabschieden. Jacken werden geholt und Schuhe angezogen, es ist viel Bewegung im Haus.

Dieser plötzliche Bewegungsdrang alarmiert einen Hund ganz schnell wieder, mitten im Geschehen sein zu wollen. Es kann sein, dass er erschrickt und hektisch zu den Gästen springt.

Kündigen Sie Ihrem Hund an, dass der Besuch jetzt geht, sodass er nicht aus dem Tiefschlaf gerissen wird und seltsam reagiert.

Bis es klappt – Management

Auch hier wird ein gutes Management wieder einen treuen Helfer für Sie darstellen.

Kausachen bereit halten

Wie schon erwähnt, beruhigt Kauen viele Hunde und ist somit super geeignet, um Ihrem Hund eine Beschäftigung während der Abschiedsphase zu geben.

Zudem hat er etwas zu tun und muss nicht die Unruhe mit sich selbst ausmachen.

Die Leine als treuer Helfer

Auch hier ist die Leine sinnvoll, um Ihren Hund von unerwünschten Verhaltensweisen abzuhalten. Egal ob er den Besuch anspringen möchte, um wieder Beachtung zu bekommen oder ihn einschränken möchte, um sein Territorium zu sichern, die Leine kann ihn sanft daran hindern.

Übungen

Mit diesen Übungen kann Ihr Hund lernen, auch dann entspannt zu bleiben, wenn der Besuch wieder geht:

• Geh auf deine Decke (siehe Seite 50)

• Geh ins Zimmer (siehe Seite 54)

• Ab in die Box (siehe Seite 56)

• Bombensicheres Bleib (siehe Seite 70)

• Entspannungstraining (siehe Seite 63)

• Maulkorbtraining (siehe Seite 60)

Die Übungen

Gegenkonditionierung der Klingel

Es klingelt oder klopft an der Tür und schon geht es los – Ihr Hund veranstaltet ein Bellkonzert, an ruhiges Gehen zur Tür ist nicht zu denken. Ganz im Gegenteil, die Türklingel ist der Startschuss für Bellen, Aufregung und hektisches Rennen zur Tür.

Bevor Ihr Hund lernen kann Ihren Besuch mit Ruhe zu empfangen, wäre es sehr sinnvoll, wenn er nicht schon durch die Türklingel in eine hohe Erregungslage kommen würde.

Aktuell bedeutet das Geräusch der Türklingel für Ihren Hund „Achtung, da kommt jemand!" und ist mit dem Verhalten „bellend zur Tür rennen" verbunden.

Wir hätten jedoch gerne, dass Ihr Hund mit der Türklingel nicht nur Besuch verknüpft, sondern seine Aufmerksamkeit auch auf Sie richten kann.

Die Zielsetzung, dass Ihr Hund überhaupt nicht mehr auf die Türklingel reagiert, würde ich nicht empfehlen. Das würde im Training nur funktionieren, solange die Klingel immer ohne Besuch auftritt, im Alltag ist das jedoch nicht möglich.

Damit es Ihrem Hund leichter fällt, das neue Verhalten zu lernen, empfehle ich Ihnen, die alte Klingel vorübergehend auszuschalten. So hat Ihr Hund keine Möglichkeit mehr, sich im unerwünschten Verhalten zu üben und es weiterhin zu festigen.

Nun haben Sie zwei Möglichkeiten:

Möchten Sie Ihren bisherigen Klingelton behalten, dann beginnen Sie das nach-folgend beschriebene Training mit dem bekannten Klingelton. Hier wird das Trai-ning vermutlich ein bisschen länger an-dauern, da Ihr Hund mit dem Ton bereits eine Verhaltensverknüpfung hat.

Alternativ können Sie natürlich auch eine neue Klingel installieren und so komplett neu starten.

Das Klingeltraining beginnt …

Nehmen Sie sich einige sehr schmack-hafte Leckerlis zur Hand und rufen Sie Ihren Hund zu sich.

Jetzt lassen Sie Ihren Klingelton ertönen. Gehen Sie dazu entweder direkt an Ihre Tür und betätigen Sie die Klingel, lassen Sie den bereits aufgenommenen Ton von Ihrem Handy aus abspielen oder nutzen Sie den Knopf der Funkklingel. Haben Sie eine Hilfsperson, bitten Sie diese, einmal zu klingeln.

»ding-dong«

Erst der Ton, dann die Leckerlis.

Tipp

Nehmen Sie Ihren Klingelton mit Ihrem Handy auf. So haben Sie jederzeit die Möglichkeit, mit dem Ton zu üben, ohne dass Sie ständig zur Tür laufen und klingeln müssen.

Der Vorteil hier ist auch, dass Ihr Hund keine Vorahnung hat, wann geklingelt wird.

Sofort nach dem Ertönen des Klingeltons beginnt der Leckerli-Regen.

Im Idealfall ist Ihr Hund Feuer und Flamme und verspeist genüsslich seine Leckereien.

Sollte Ihr Hund einige Male bellen und sich nicht komplett auf die Leckerlis konzentrieren können, ist das erst einmal gar nicht schlimm. Bieten Sie ihm trotzdem die Leckerlis an und warten Sie entspannt ab.

direkt danach

Nach mehreren Wiederholungen wird Ihr Hund gleich die Leckerlis annehmen können.

Wiederholen Sie diesen Vorgang so oft, bis Ihr Hund nach dem Hören der Klingel sofort zu Ihnen schaut mit der Erwartungshaltung im Gesicht „Krieg ich etwas Tolles zum Futtern?". Bitte geben Sie Ihrem Hund auch dann seine Leckerlis, wenn er ein oder zwei Mal losbellt.

Jetzt können Sie einen Schritt weitergehen. Bis zu diesem Zeitpunkt waren Sie die ganze Zeit bereits bei Ihrem Hund, bevor der Klingelton ertönt ist, nun ändern Sie das.

Lassen Sie den Klingelton ertönen, wenn Ihr Hund beispielsweise auf seiner Decke liegt und Sie auf der Couch sitzen.

Orientiert sich Ihr Hund sofort zu Ihnen in Erwartung auf sein Futter, perfekt! Sollte er erst einmal ein paar Wuffer von sich geben und erst dann zu Ihnen blicken, ist das auch vollkommen in Ordnung. Die Leckerlis kommen in jedem Fall.

Durch dieses Vorgehen bringen Sie Ihren Hund zum Nachdenken, welches Verhalten für ihn zielführend ist. Er wird nicht mehr blindlings losrennen, sondern sein Denken wird angeregt.

Der Vorteil für Sie ist, dass Sie als Mensch in das Geschehen mit involviert werden und Ihr Hund dadurch lernt, sich mehr an Ihnen zu orientieren.

Wiederholen Sie diesen Schritt, so oft es geht aus allen Räumen Ihrer Wohnung, vormittags und nachmittags und auch abends.

Blickt Ihr Hund immer nach dem Ertönen der Klingel zu Ihnen, und das in vielen verschiedenen Situationen, ist die Verknüpfung gefestigt und Sie können zum nächsten Schritt übergehen.

Das Klingelgeräusch ertönt, Ihr Hund kommt zu Ihnen und es gibt natürlich wieder seine Belohnung. Jetzt gehen Sie ein Stück Richtung Tür und belohnen Ihren Hund auf dem Weg dorthin. Üben Sie das so lange, bis Sie komplett zur Haustür gelangen.

Sollte Ihr Hund auf dem Weg zur Tür aufgeregter werden, bleiben Sie stehen und warten Sie, bis er wieder entspannter wird.

Achtung!

Variieren Sie zur Tür gehen und an Ort und Stelle bleiben immer wieder. Dadurch weiß Ihr Hund nie, was als Nächstes passiert und seine Erwartungshaltung wird nicht zu hoch werden.

Tipp

Irgendwann wird es soweit sein, dass der erste „Ernstfall" eintritt: es steht wirklich Besuch vor Ihrer Tür.

Auch wenn Ihr Hund jetzt toll reagiert, ruhen Sie sich nicht aus. Üben Sie zwischen dem „richtigen" Klingeln weiterhin das Trainingsklingeln, bei dem einfach nur Leckerlis verteilt werden.

Wechseln Sie diese Situationen immer wieder ab, so wird Ihr Hund den Klingelton nicht nur mit einer Situation verknüpfen, sondern mit zweien– Besuch und Leckerli.

Gegenkonditionierung auf den Besuch

Juhu, es kommt Besuch – reagiert Ihr Hund so auf den vor der Tür stehenden Zweibeiner? Oder eher doch so: Argh, verschwinde!!!

Beide Situationen haben jedoch eines gemeinsam – Ihr Hund ist wahnsinnig aufgeregt und kennt vermutlich keine oder zumindest wenig körperliche Grenzen gegenüber Ihrem Besuch.

Doch Besuch soll für Ihren Hund lediglich bedeuten, dass ein anderer Mensch mit Ihrer Erlaubnis Ihr Haus betritt. Damit Sie das erreichen, gibt es eine tolle Trainingstechnik, mit der Ihr Hund lernt, den Besuch lediglich anzusehen.

Diese Technik nennt sich „Marker für Blick".

„Marker für Blick" nicht nur bei Besuch

„Marker für Blick" kann im Alltag in so vielen verschiedenen Situationen eingesetzt werden. Hundebegegnungen und Antijagdtraining können damit zum Beispiel super trainiert werden.

Wie man diese Technik bei Hundebegegnungen einsetzt, ist ausführlich in meinem Buch „Leinenrambo" erklärt.

44

Immer, wenn Ihr Hund den Besuch ansieht, markieren Sie dieses Verhalten mit Ihrem Marker und belohnen Sie ihn anschließend. Gerne mit ein paar Leckerlis, die Sie auf den Boden weg vom Besuch kullern lassen. Blickt er nun den Besuch wieder an, beginnt das Spiel erneut.

Diese Übung können Sie jederzeit anwenden, wenn Ihr Hund Ihren Besuch ansieht oder sich bewegt. Sie verändern so nicht nur die emotionale Grundlage, sondern bringen Ihrem Hund auch bei, hinzugucken und nicht sofort hinzulaufen.

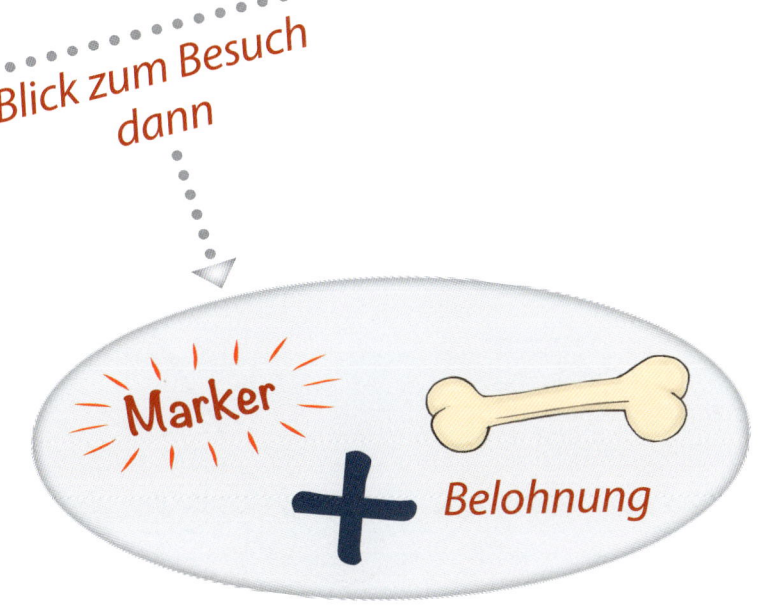

Blick zum Besuch
dann

Marker + Belohnung

Was passiert bei Marker für Blick?

- Ihr Hund lernt, den Besuch mit einer positiven Emotion zu verknüpfen.

- Ihr Hund lernt, den Besuch als Signal zu verstehen, um sich zu Ihnen zu orientieren.

- Sie bringen sich in die Situation ein und lassen Ihren Hund nicht alleine.

- Sie schaffen für Ihren Hund eindeutige Lernmöglichkeiten.

Wird die Aufregung und die Aggression dadurch nicht verstärkt?

Nein, ganz sicher nicht! Bei dieser Art des Trainings lernt Ihr Hund, dass der Auslösereiz „Besuch sehen" zur Ankündigung wird, etwas sehr Schmackhaftes zu erwarten. Dies wird auf Dauer positive Gefühle in Ihrem Hund auslösen und die Erregung kann sinken.

Bis Ihr Hund entspannt bleibt, lassen Sie am besten die Leine am Geschirr festgemacht. So verhindern Sie ein unkontrolliertes Vorspringen zum Besuch hin.

Besuch nicht anspringen

Als höflicher vierbeiniger Gastgeber bleibt Ihr Hund natürlich mit vier Pfoten auf dem Boden und hüpft nicht wie ein Gummiball am Besuch hoch. Ja, so stellen Sie sich bestimmt Ihren Hund vor, oder?

Wenn Ihr Hund Ihren Besuch anspringt, kann das mehrere Ursachen haben. Zum einen natürlich eine freundliche Kontaktaufnahme. Er möchte gestreichelt und begrüßt werden und umso ungestümer er ist, desto mehr Aufmerksamkeit bekommt er. Zudem versuchen viele Hunde, vor allem die jungen, an die Mundwinkel des Menschen zu gelangen. Hier möchte Ihr Hund beschwichtigen und sicher stellen, dass er ein Lieber ist.

Zum anderen kann das Anspringen natürlich auch das Gegenteil bedeuten und er möchte den Besuch daran hindern, weiter in sein Haus zu gelangen.

Bedenken Sie!

Zeigt Ihr Hund das Anspringen aus Aggression heraus, empfehle ich vorerst nicht, ihn direkt zum Besuch hinzulassen. Hier ist die nachfolgende Übung „Geh auf die Decke" sinnvoller und sicherer.

Marker für Boden

Damit Ihr Hund sich das Anspringen gar nicht erst angewöhnt, können Sie mit dieser Übung wunderbar vorarbeiten.

Markieren Sie immer den Moment, wenn Ihr Hund bei Ihrem Besuch ist, aber noch alle vier Pfoten auf dem Boden hat. Versuchen Sie den Moment zu erwischen, in dem er noch nicht zum Hochspringen ansetzt.

Und jetzt ganz wichtig – legen Sie anschließend sein Leckerli zu ihm auf den Boden. Schaut er Sie danach wieder an, folgten erneut sein Markersignal und seine Belohnung.

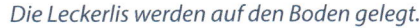

Die Leckerlis werden auf den Boden gelegt.

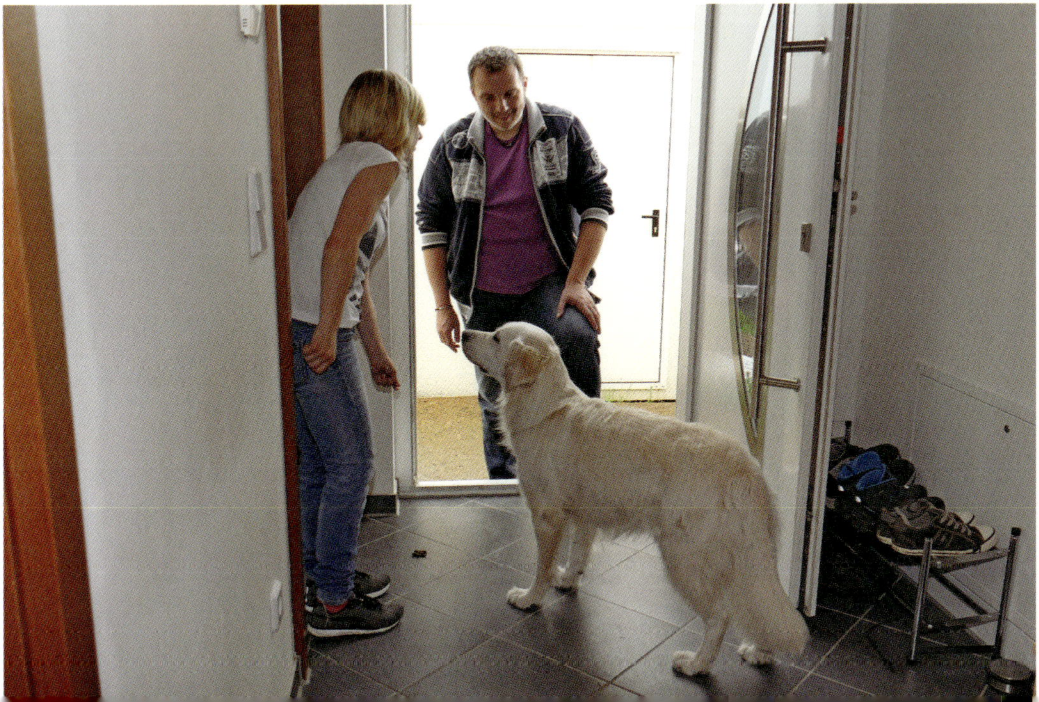

Das Leckerli zur Belohnung auf den Boden zu legen ist enorm wichtig. Ihr Hund lernt, dass er die Belohnung von unten zu erwarten hat und nicht von oben. Sie machen so den Boden zu einem begehrenswerten Ort.

Springt Ihr Hund trotzdem einmal hoch, sollten Sie sich oder Ihr Besuch zügig wegdrehen. Zügig meint wirklich den Moment, in dem Ihr Hund gerade hochzuspringen beginnt. Schenken Sie ihm nun keinerlei Aufmerksamkeit, ignorieren Sie ihn kurz. Ignorieren bedeutet wirklich keinerlei Zuwendung, weder Anschauen, Schimpfen noch Seufzen. Nur so kommt das Ignorieren auch wirklich als negative Konsequenz, also Strafe, bei Ihrem Hund an.

Sind seine vier Pfoten wieder auf dem Boden, nimmt sich Ihr Hund zurück oder wartet brav, wenden Sie sich ihm wieder zu. Markieren Sie dieses Verhalten und die Belohnung wird wieder auf den Boden gelegt.

Ist Ihr Hund wieder auf dem Boden, sprechen Sie ihn nicht freudig an. Eine höhere Stimmlage kann Ihren Hund dazu veranlassen, erneut an Ihnen oder Ihrem Besuch hochzuspringen.

Diese Übung können Sie als Vorübung alleine und auch mit Familienmitglie-dern durchführen. Dann erst empfiehlt es sich, an den Besuch zu gehen.

Wichtig hier ist auch, dass Sie Ihren Besuch genau einweisen, was er zu tun hat und das bitte, bevor Ihr Hund ins Spiel kommt.

Die Sitzdose

Vier Pfoten am Boden zu lassen ist für viele Hunde bei Begrüßungssituationen sehr schwierig. Damit Ihr Hund leichter erwünschtes Verhalten zeigen kann, gibt es ein tolles Hilfsmittel – die Sitzdose.

Die Sitzdose ist ein optisches Signal für Ihren Hund, sich hinzusetzen und bietet sowohl für einfach nur freundliche als auch für unsichere Hunde einen Verhaltensrahmen sowie Sicherheit.

Freut sich Ihr Hund enorm über den Besuch, kann die Dose ihm helfen, seine erste Aufregung ein bisschen zu kanalisieren, denn die Dose gibt ihm eine klare Anweisung.

Ist Ihr Hund unsicher, gibt ihm die Dose etwas mehr Sicherheit. Die Dose kündigt ihm an, was er als Nächstes zu erwarten hat.

Und das Beste daran ist, dass der Besuch auch gleich eine genaue Aufgabe hat und Ihren Hund nicht für unerwünschtes Verhalten belohnt oder aber noch mehr verschreckt.

Nun aber zum Aufbau der Sitzdose
Nehmen Sie dazu eine stabile Dose, die einfach zu öffnen ist und füllen Sie einige schmackhafte Leckerlis hinein. Nun rufen Sie Ihren Hund zu sich und halten die Dose einfach in der Hand. Gerne können Sie noch kurz damit klappern, sodass das Interesse Ihres Hundes geweckt ist.

Lassen Sie Ihren Hund ausprobieren, was ihm zum Erfolg bringt. Sobald er sich hinsetzt, markieren Sie das und geben Sie Ihm aus der Dose ein Leckerli.

Gehen Sie nun an einen anderen Ort in Ihrer Wohnung und wiederholen Sie diese Übung erneut.

Klappt das Hinsetzen sehr zügig, ist es jetzt an der Zeit, weitere Personen in das Training zu integrieren. Weisen Sie die Personen oder den Besuch genau ein, was diese zu tun haben. Sind Sie sich nicht hundertprozentig sicher, dass sich Ihr Hund bei Besuch sofort hinsetzt, nutzen Sie die Hausleine als kleinen Helfer. So kann Ihr Hund sich nicht selbst im Anspringen üben, der Besuch kommt nicht so sehr in Versuchung, Ihrem Hund weitere Aufmerksamkeit zu schenken und Ihr Vierbeiner lernt sicherlich, dass sich nur das Hinsetzen lohnt.

Wenn Sie mit Ihrem Besuch zu trainieren beginnen, stellen Sie die Sitzdose direkt an die Tür, damit Ihr Besuch die Dose gleich in die Hand nehmen kann. So verlieren Sie keine wertvolle Zeit und Ihr Hund erreicht kein höheres Erregungslevel.

Geh auf deine Decke

Um Ihrem Besuch das Hereinkommen zu erleichtern, ist es super, wenn Sie Ihren Hund auf einen bestimmten Platz schicken können. Entweder können Sie dies direkt vor der eigentlichen Begrüßung einführen oder aber nach dem ersten Begrüßungskontakt.

Um Ihrem Hund dies beizubringen, eignet sich das Deckentraining hervorragend. Ihr Hund soll lernen, sich auf ein bestimmtes Signalwort auf seine Decke zu legen und dort so lange zu bleiben, bis er von Ihnen die Erlaubnis zum Wiederaufstehen bekommt. Das Schöne am Deckentraining ist, dass Ihr Hund „aufgeräumt" ist, also Ihnen und Ihrem Besuch den Weg nicht versperrt, aber auch vor Ihrem Besuch sicher ist.

Ihr Hund muss beim Deckentraining zwei verschiedene Verhaltensweisen lernen:

• auf die Decke laufen

• auf der Decke liegen bleiben

Beginnen wir also mit dem ersten Schritt „auf die Decke laufen".

Bewaffnen Sie sich also mit einigen guten Leckerlis und der Decke für Ihren Hund. Legen Sie diese aus.

Variante 1:
Legen Sie die Decke auf den Boden und führen Sie Ihren Hund gleich auf die Decke. Sobald Ihr Hund mit seinen Pfoten auf der Decke ist, geben Sie Ihren Marker und legen auf die Decke sein Leckerli. Bleibt er noch darauf, legen Sie weiterhin noch einige Male ein Leckerli auf die Decke.

Nun holen Sie Ihren Hund von der Decke und platzieren Sie diese ein kleines Stück weiter von Ihrem Hund entfernt.

Wiederholen Sie diesen Vorgang mehrere Male.

Ist Ihr Hund schon begeistert bei der Sache, warten Sie einmal ab, ob er nicht von selbst schon Richtung Decke geht, wenn Sie diese auf den Boden legen. Sobald er sich in die Richtung bewegt oder auch nur blickt, geben Sie sofort sein Markersignal und legen ein Leckerli auf die Decke. Diesen Übungsschritt führen Sie so lange durch, bis Ihr Hund von sich aus auf die Decke läuft.

Nun ist Ihr Hund soweit, dass Sie ein Wortsignal einführen können.

Gehen Sie dabei so vor: Sagen Sie für mehrere Trainingseinheiten das neue Signal „Auf die Decke" immer, während Ihr Hund auf die Decke läuft.

Beginnen Sie nach und nach das Signalwort versetzt zu geben, also bevor Ihr Hund sich auf den Weg zur Decke macht.

Der Hund wird mit einem Leckerli auf die Decke geführt.

Decke

Decke

Variante 2:

Bei dieser Variante darf Ihr Hund selbst ausprobieren, welches Verhalten ihn zum Erfolg bringt.

Legen Sie eine Decke auf den Boden und stellen Sie sich dazu. Richten Sie Ihren Blick direkt auf die Decke. Sobald Ihr Hund nur die kleinste Tendenz Richtung Decke zeigt, markieren Sie dies und belohnen sein Verhalten.

Lassen Sie Ihren Hund selbst versuchen, das erwünschte Verhalten herauszufinden. Markieren Sie jeden kleinen Schritt in Richtung Decke.

• Ihr Hund blickt die Decke an – Marker und Belohnung

• Ihr Hund geht einen Schritt Richtung Decke – Marker und Belohnung

• Ihr Hund läuft auf die Decke zu – Marker und Belohnung

• Ihr Hund geht auf die Decke – Marker und Belohnung

Geht Ihr Hund sicher zu der Decke, wäre es auch hier an der Zeit, ein Wortsignal einzuführen. Dieser Vorgang ist identisch mit dem oben beschriebenen.

Der erste Schritt ist geschafft und Ihr Hund kann jetzt schon auf die Decke laufen. Nun geht es daran, Ihrem Hund beizubringen, dass es sich ebenfalls lohnt, auf der Decke liegen zu bleiben.

Schicken Sie dazu Ihren Hund auf die Decke, markieren Sie das und legen wie gewohnt ein Leckerli auf die Decke. Nun warten Sie kurz ab, es folgt wieder sein Markersignal und es wird ein Leckerli auf die Decke gelegt.

Der Hund muss sich bei dieser Variante mehr anstrengen, um das richtige Verhalten zu wählen.

Vergrößern Sie nach und nach das Zeitfenster, bis wieder das Markersignal kommt. Steigern Sie die Dauer langsam von einer Sekunde auf zwei, drei Sekunden, bis Sie irgendwann bei drei Minuten angelangt sind.

Jetzt sind Sie und Ihr Hund so weit, dass Sie Abstand und auch Ablenkung einbauen können. Wie das geht, erfahren Sie auf Seite 68.

Tipp:

Die Decke ist nicht nur für das Besuchertraining ideal. Sie können sie für ganz verschiedene Zwecke nutzen. Sei es im Restaurant, auf Seminaren oder auch einfach bei sich selbst im Alltag, wenn Ihr Hund einfach einmal „aufgeräumt" sein sollte.

Geh ins Zimmer

Es wird immer wieder Besucher geben, die von Ihrem Vierbeiner nicht so begeistert sind wie Sie selbst oder aber einfach Angst vor Ihrem Hund haben. Es kann aber auch ein Handwerker kommen, der größere Geräte in die Wohnung bringen möchte – da würde Ihr Hund stören und eventuell selbst in Gefahr geraten.

Deswegen ist es hin und wieder sinnvoll, wenn Sie Ihren Hund entspannt in ein anderes Zimmer bringen können und er dort ruhig warten kann, ohne sich dabei ausgeschlossen zu fühlen.

Ihren Hund einfach wegzusperren, ohne, dass er vorher die Gelegenheit bekommen hat zu lernen, dass es nichts Schlimmes bedeutet, wenn er einmal nicht direkt bei den Menschen sein kann, finde ich nicht fair dem Hund gegenüber. Und zudem wird es auch nicht das entspannte Empfangen von Besuch fördern.

Also bringen wir Ihrem Hund einfach bei, dass er sich in einem anderen Raum alleine, auch wenn Besuch da ist, aufhalten kann.

Wählen Sie einen Raum aus, den Sie leicht erreichen und in dem sich Ihr Hund wohl fühlt. Es sollte auf jeden Fall eine gemütliche Decke oder sein Körbchen darin liegen, Spielsachen auch jederzeit gerne.

Gehen Sie nun zu dem ausgewählten Zimmer und fordern Sie Ihren Hund mit einem „Ins Zimmer" auf, in das Zimmer zu gehen und führen Sie ihn hinein. Ist er im Raum, markieren Sie das und geben Sie ihm am Boden ein Leckerli. Gerne können Sie dies in den Raum hinein kullern.

Holen Sie Ihren Hund wieder heraus und üben Sie das so oft, bis Ihr Hund von sich aus nach der Aufforderung Richtung Zimmer läuft. Dann können Sie genau dieses Verhalten markieren und ein Leckerli zur Belohnung in den Raum werfen.

Geht Ihr Hund sicher in den Raum, geht es darum, ihm das Warten in dem geschlossenen Raum beizubringen.

Schließen Sie dazu kurz die Tür. Ist Ihr Hund ruhig, markieren Sie das und öffnen Sie diese wieder. Als Belohnung gibt es natürlich auch ein tolles Leckerli.

Verlängern Sie nach und nach die Zeitspanne, in der Ihr Hund hinter der geschlossenen Tür wartet.

Erst, wenn mehrere Minuten alleine in dem Raum klappen, beginnen Sie mit den Einbau von Ablenkungen. Siehe hierzu Seite 68.

Kleiner Tipp:

Geben Sie Ihrem Hund einige Kausachen mit in den Raum, so kann er sich leicht selbst beschäftigen und die Zeit vergeht für ihn schneller.

Geh in die Box

Eine Hundebox ist ein wirklich geniales Hilfsmittel im Hundetraining. Fühlt sich Ihr Hund in seiner Box wohl, kann sie für ihn Rückzugsort, Sicherheit und Ruhe zugleich darstellen.

Aber auch Ihnen gibt die Box ein gewisses Maß an Sicherheit, da Ihr Hund nur einen begrenzten Raum zur Verfügung hat und nicht selbstständig durch die Wohnung laufen kann. Das kann für Sie und auch Ihren Hund sehr erleichternd sein, wenn er bespielsweise Menschen gegenüber nicht immer freundlich gesinnt ist.

Die Hundebox ist eine Hilfe für die Hunde, die Angst vor dem Besuch haben, da sie einen Rückzugsort darstellt. Ihr Hund ist etwas abgeschirmt und muss sich dem Besuch nicht direkt stellen.

Ist Ihr Hund aggressiv gegenüber dem Besuch, gibt die Box vor allem Ihnen Sicherheit. Ihr Hund ist „aufgeräumt" und kann Ihren Besuch nicht erreichen.

Aber auch, wenn Ihr Hund einfach nur freundlich zum Besuch ist, kann die Box das Training enorm erleichtern. Bis ein sicheres Warten auf der Decke funktio-

Die Hundebox als Ort der Geborgenheit.

niert, können Sie so die Situationen vorerst regeln. Ihr Hund springt nicht weiter am Besuch hoch und Sie können die Begrüßungssituationen kontrollieren.

Das Training mit der Hundebox funktioniert aber nur so gut, wenn Ihr Hund seine Box lieben lernt. Manche Hunde gehen sofort begeistert in die Box und fühlen sich darin pudelwohl. Der geschlossene Raum gibt ihnen ein Gefühl von Geborgenheit.

Aber es gibt auch Hunde, die die Box vorerst nicht so begeistert in Empfang nehmen. Doch das kann leicht trainiert werden.

Ebenso wie beim Deckentraining darf Ihr Hund hier zwei Verhaltensweisen lernen: in die Box laufen und drinnen liegen bleiben.

Nehmen Sie sich auch hier wieder tolle Leckerlis zur Hilfe, legen Sie seine Decke in die Box und setzen Sie sich zur Box.

Nun markieren und belohnen Sie jedes Verhalten in Richtung der Box.

Dadurch, dass Ihr Hund seine Decke schon lieben gelernt hat, kann es durchaus sein, dass er gleich versucht, zu ihr zu gelangen. Super, das bitte sofort fürstlich belohnen.

Sollte Ihr Hund zögern, gehen Sie kleinschrittiger vor:

- Ihr Hund schaut zur Box – Marker und Belohnung

- Ihr Hund geht einen Schritt Richtung Box – Marker und Belohnung

- Ihr Hund läuft zur Box – Marker und Belohnung

- Ihr Hund schaut direkt in die Box – Marker und Belohnung

- Ihr Hund setzt eine Pfote in die Box – Marker und Belohnung

- Ihr Hund hat zwei Pfoten in der Box – Marker und Belohnung

- Ihr Hund steht komplett in der Box – Marker und Belohnung

- Ihr Hund legt sich in die Box – Marker und Belohnung

Geht Ihr Hund sicher in seine Box, wäre es an der Zeit, ein Wortsignal einzuführen. Sagen Sie auch hier das neue Wortsignal „Geh in die Box" vorerst immer dann, wenn Ihr Hund auf dem Weg in die Box ist.

Nach mehreren Durchgängen versetzen Sie auch hier das Wortsignal immer ein bisschen früher, bis Ihr Hund allein auf das Signal hin in die Box geht.

Erst, wenn Ihr Hund ganz entspannt in der geöffneten Box liegen bleibt, können Sie beginnen, die Box zu schließen. Gehen Sie auch hier behutsam vor.

Schließen Sie die Box Stück für Stück und loben Sie jeden kleinen Schritt.

Vergrößern Sie das Zeitfenster nach und nach, bis wieder sein Marker und eine Belohnung kommen.

Bauen Sie auch hier wieder Ablenkungen ein. Auf Seite 68 bekommen Sie eine Anleitung.

ein unnötiges Herumfummeln am Hinterkopf des Hundes zu vermeiden.

Ziel des Maulkorbtrainings soll sein, dass Ihr Hund den Maulkorb ganz entspannt auf seiner Schnauze toleriert. Er soll ihn weder als lästig noch als unangenehm empfinden.

Maulkorbtraining

Ein Maulkorb ist ein tolles Trainingshilfsmittel, wenn Sie sich unsicher sind, wie Ihr Hund in bestimmten Situationen reagiert oder wenn er bereits gebissen hat. Durch einen Maulkorb geben Sie sich und auch den Personen in Ihrem Umfeld ein gewisses Maß an Sicherheit zurück. Zudem wird es Ihnen um einiges leichter fallen, entspannter mit Ihrem Hund zu trainieren – es kann ja nichts passieren.

Bevor Sie mit dem Training starten, benötigen Sie zuerst einen für Ihren Hund passenden Maulkorb. Er sollte leicht und so angepasst sein, dass die komplette Schnauze und auch die Lefzen genug Platz haben. Ein freies Atmen, Hecheln und Trinken ist so problemlos möglich.

Zudem sollten Sie darauf achten, dass der Verschluss leicht zu schließen ist, um

> **Ganz wichtig!**
>
> *Bitte setzen Sie Ihrem Hund den Maulkorb nicht einfach auf die Schnauze. Es würde sehr unangenehm und wie ein Überfall für Ihren Hund wirken. Er hat keine Möglichkeit, sich mit dem Maulkorb anzufreunden. So wird Ihr Hund nicht entspannt sein können. Und das schon gar nicht in Besuchssituationen!*

Um Ihren Hund an den Maulkorb zu gewöhnen, beginnen Sie mit der Kennenlernübung. Halten Sie Ihrem Hund den Maulkorb hin, markieren Sie jeden Blick und jede Bewegung in Richtung des Maulkorbs und belohnen Sie Ihren Hund fürstlich mit wirklich tollen Leckerlis.

Irgendwann wird Ihr Hund den Maulkorb mit seiner Nase berühren. Super, das wird sofort wieder markiert und belohnt.

Halten Sie den Maulkorb nun so zu Ihrem Hund hin, dass die Öffnung des Maulkorbs zu der Schnauze Ihres Hundes zeigt. Markieren Sie nun nur noch jede Bewegung in Richtung der Öffnung des Maulkorbs, so lange, bis Ihr Hund seine komplette Schnauze darin hat.

Lassen Sie sich Zeit und drängen Sie Ihren Hund nicht. Jede Bewegung soll von Ihrem Hund aus kommen, Sie drängen sich ihm nicht auf!

Jetzt ist es so weit und Sie können beginnen, Ihren Hund im Maulkorb mit Leckerlis zu belohnen. Lassen Sie ihn dazu wieder mit seiner Schnauze in den Maulkorb gehen und markieren Sie das. Die Leckerlis gibt es nun durch die Gitterstäbe direkt im Maulkorb.

Damit die Belohnung leichter fällt, könnten Sie eine Futtertube zur Belohnung verwenden.

Ihr Hund hat bis jetzt immer selbst Aktion gezeigt. Nun sind Sie so weit, dass etwas mehr Bewegung hinzukommen darf.

Der Maulkorb wird kennengelernt.

> ## Wichtig!
>
> *Halten Sie während des ganzen Trainings den Maulkorb ruhig in Ihrer Hand. Nur Ihr Hund bewegt sich auf den Maulkorb zu.*

Halten Sie Ihrem Hund den Maulkorb hin. Steckt er seine Schnauze sofort hinein, bewegen Sie den Maulkorb etwas weg. Mit großer Wahrscheinlichkeit wird Ihr Hund nachgehen bzw. seine Schnauze verstärkt in den Maulkorb drücken. Das wird natürlich wieder markiert und mit der Schnauze im Maulkorb belohnt.

Ihr Hund lernt durch diese Übung, die Schnauze auch dann im Maulkorb zu lassen, wenn Bewegung ins Spiel kommt.

Bis jetzt war der Maulkorb immer sicher in Ihrer Hand und nicht geschlossen.

Das wird nun geändert.

Beginnen Sie ab sofort, die Dauer, die Ihr Hund im Maulkorb ist, zu verlängern. Zögern Sie dazu den Marker immer weiter hinaus.

Kann Ihr Hund ein paar Sekunden ruhig im Maulkorb verweilen, fangen Sie an beide Seitenriemen in die Hand zu nehmen und Richtung Kopf zu ziehen.

Markieren und belohnen Sie das erneut.

Duldet Ihr Hund auch das entspannt, halten Sie beide Enden am Hinterkopf Ihres Hundes zusammen.

Entspannt und ruhig, so wünschen wir uns unseren Hund auch in Besuchssituationen.

Erst, wenn Ihr Hund auch hier keinerlei Widerstand zeigt, können Sie den Maulkorb schließen.

Hat Ihr Hund den Maulkorb an, beginnen Sie sofort, sich zu bewegen.

Würde Ihr Hund stillstehen, kann es leicht passieren, dass er versucht, den Maulkorb mit seiner Pfote herunterzustreifen.

Um den Maulkorb wieder abzunehmen, passen Sie einen Moment ab, in dem Ihr Hund den Maulkorb gut akzeptiert und sich damit wohl fühlt.

Entspannungstraining

Wenn Besuch kommt, ist es mit der Entspannung schnell vorbei. Doch genau das ist es, was Ihr Hund braucht, Entspannung.

Entspannung sorgt dafür, dass Ihr Hund im Denkprozess bleibt und sich nicht nur seinen Impulsen hingibt.

Doch wie Entspannung in den Hund kriegen, wenn er doch schon auf hundertachtzig ist?

Entspannung ist ein emotionaler Zustand und der Gegenspieler von Aufregung – und damit auch von Angst und Aggression.

Das Schöne ist, dass ein emotionaler Zustand trainiert werden kann und so auch abrufbar wird.

Wie wäre es also, wenn Ihr Hund sich auf ein bestimmtes Signal von Ihnen hin zu entspannen beginnt? Super, stimmt's?

Um solch ein Entspannungssignal aufzubauen, benötigen Sie vorerst lediglich ein bisschen Zeit, in der Sie mit Ihrem Hund gemütlich kuscheln. Streicheln Sie ihn, bis er sich sichtlich zu entspannen beginnt.

Nun nehmen Sie kurz Ihre Hände weg und sagen Sie „Eeeeaaaaaasssssyyyy". Streicheln Sie Ihren Hund anschließend wie vorher weiter.

Wiederholen Sie diesen Ablauf immer wieder.

Sehen Sie Ihren Hund während des Aufbaus nicht direkt an. Der direkte Blickkontakt wirkt auf viele Hunde aktivierend und die Entspannung lässt dann auf sich warten.

Ihr Hund verknüpft durch dieses Vorgehen Ihr Wort mit dem nachfolgenden entspannten Streicheln.

Hund liegt entspannt und wird gestreichelt.

Gut zu wissen!

Ein Entspannungssignal wird über klassische Konditionierung aufgebaut. Ihr Hund hat keinen bewussten Einfluss auf das Erlernen des Entspannungssignals. Es passiert einfach und verankert sich fest im Gehirn.

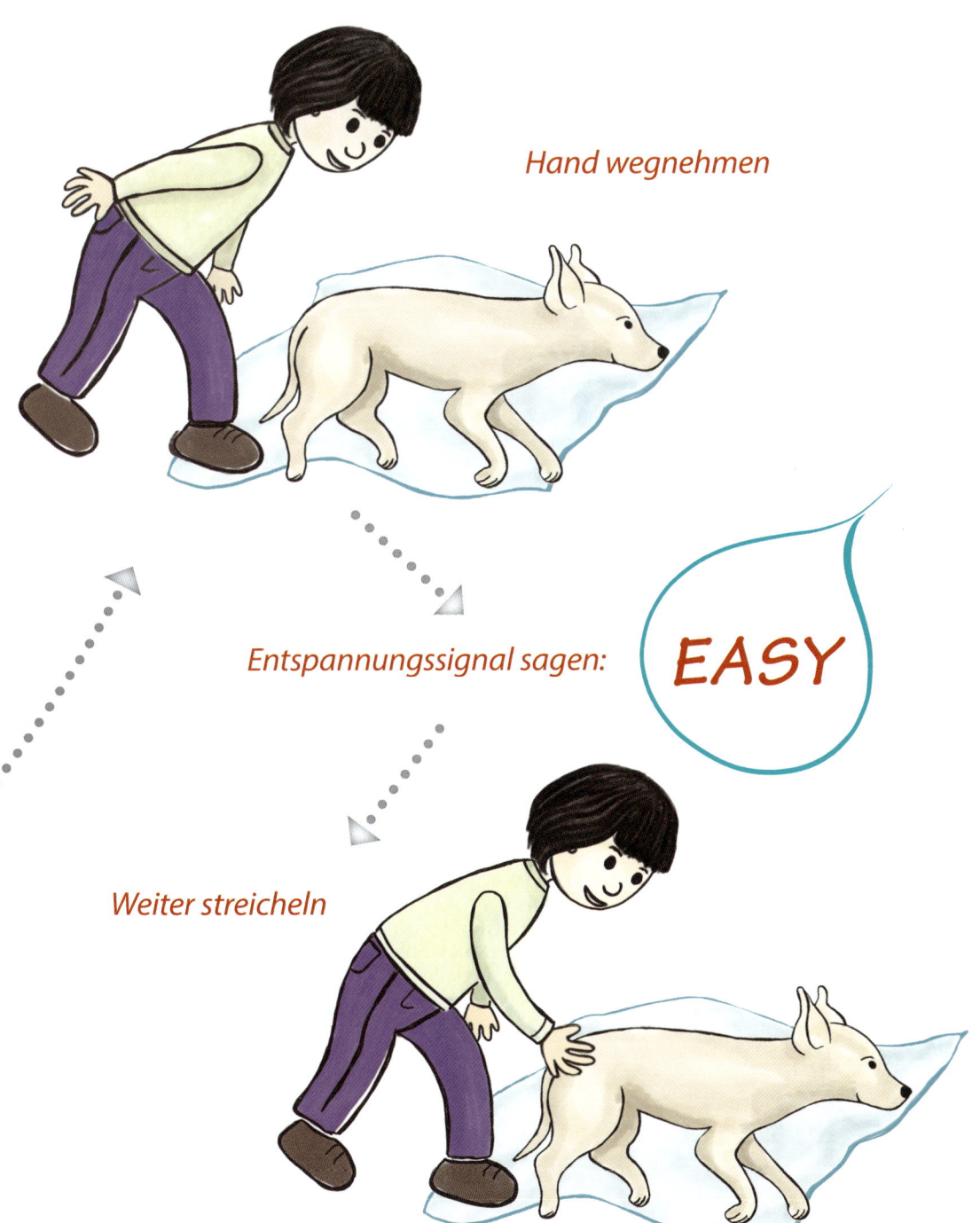

Hand wegnehmen

Entspannungssignal sagen: EASY

Weiter streicheln

Das Entspannungswort ist prima geeignet für Situationen, in denen Sie zügig das Erregungsniveau Ihres Hundes herunterfahren möchten, wie beim Klingelton, beim Hereinlassen des Besuchs oder beim Entgegennehmen eines Pakets.

Sagen Sie das Entspannungssignal in der aufregenden Situation mehrmals, um das Erregungsniveau Ihres Hundes ein bisschen zu senken. Merken Sie, dass seine Erregung etwas sinkt, geben Sie ihm eine Aufgabe. Sprechen Sie ihn an und schicken Sie ihn auf seine Decke oder lassen ihn ein anderes Verhalten ausführen, das Sie belohnen können.

Das Tolle ist, dass die Situation so entspannt gelöst wird und nicht in Hektik ausartet. Sie ermöglichen Ihrem Hund so, sich in der Situation richtig zu verhalten.

Bleibt Ihr Besuch etwas länger zum Kaffee oder zum Abendessen, braucht Ihr Hund eine etwas längere Entspannung. Das Wort wäre hier nur eine kurze Unterstützung. Für genau diese längeren Besuchssituationen ist das Entspannungstuch da.

Ein Entspannungstuch ist ein einfaches Halstuch, das mit fünf oder sechs Tropfen einer Duftmischung beträufelt ist.

> ## Entspannungsduft?
>
> *Als Duft zum Entspannungstraining eignen sich ätherische Öle aus Lavendel, Kamille oder Zitrone. Tröpfeln Sie in ein 30 ml Fläschchen drei bis fünf Tropfen des Duftöls und füllen Sie den Rest mit einem neutralen Öl, wie Sonnenblumenöl, auf. Schon haben Sie Ihre eigene Duftmischung für das Training.*

Warten Sie, bis sich Ihr Hund zum Entspannen hinlegt und legen Sie dann sein mit Öl beträufeltes Entspannungstuch dazu. Ihr Hund verbindet so den Duft mit Dösen und Entspannen.

Steht Ihr Hund wieder auf, nehmen Sie das Tuch weg und stecken es in eine luftdichte Verpackung.

Alternativ können Sie das Dufttuch immer mit zu Ihrem Hund legen, wenn Sie ihn entspannen und kraulen.

Durch das Entspannungstuch wird Ihrem Hund über längere Zeit immer wieder die Information zur Entspannung gegeben.

Dadurch ist es für Situationen bestens geeignet, in denen die Aufregung über längere Zeit bestehen kann.

Ist Ihr Besuch eingetreten und hat es sich schon gemütlich gemacht, können Sie Ihrem Hund das Entspannungstuch umlegen, um ihm so schnelleres Entspannen zu ermöglichen.

Zu beachten!

Die Entspannungssignale sind über klassische Konditionierung aufgebaut worden, das bedeutet, dass ein neutraler Reiz mit Entspannung verknüpft worden ist. Setzen Sie das Entspannungssignal nun immer wieder ein, kann es zur gegenläufigen Verknüpfung kommen.

Aus diesem Grund achten Sie bitte darauf, Ihr Entspannungssignal immer wieder aufzuladen.

Bei uns hat es sich bewährt, das Tuch jeden Abend während des Fernsehens zu den Hunden zu legen.

Ein Halstuch als optisches Entspannungssignal.

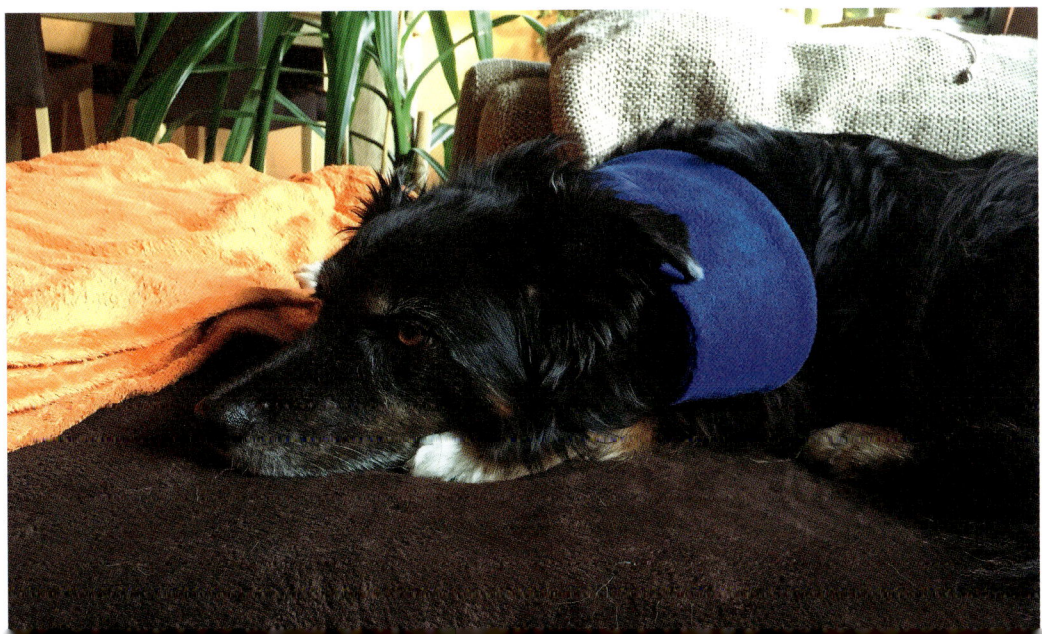

Ablenkungen steigern

Sie haben mit Ihrem Hund intensiv geübt und allein daheim klappt alles wunderbar. Doch dann kommt der Besuch und es funktioniert so gut wie nichts mehr. Kennen Sie das? Das frustriert ungemein! Doch mit dem nachfolgenden Wissen wird Ihnen dieses Phänomen ganz klar.

Hunde sind Kontextlerner. Diesen Kontext speichert Ihr Hund exakt ab, als ob Sie ein Foto von einer bestimmten Situation machen würden. Alles, was genau in diesem Moment zu sehen ist, wird festgehalten.

So ist das auch bei Ihrem Hund. Bringen Sie ihm also bei, auf seiner Decke entspannt liegen zu bleiben.

Wenn Sie auf der Couch sitzen, wird er das können, vermutlich jedoch nicht, wenn das ganze Haus voller Besuch ist. Das muss langsam aufgebaut werden.

EASY

Im Kontext zu lernen bedeutet also, dass ein Hund Gelerntes nicht automatisch auf alle Situationen übertragen kann. Er muss es erst generalisieren.

Wenn Sie Ihrem Hund also ein Signal in ablenkungsarmer Umgebung beigebracht haben, geht es an das Übertragen in viele verschiedene Situationen.

Hunde haben von jedem Signal ein genaues Bild im Kopf.

Damit Sie sich leichter vorstellen können, wie die einzelnen Trainingsschritte aussehen könnten, möchte ich Ihnen das am Beispiel des Deckentrainings veranschaulichen.

Die Ausgangslage ist, dass Ihr Hund bereits auf Signal auf seine Decke gehen und dort für ca. fünf Minuten entspannt bleiben kann, so lange Sie neben ihm auf dem Stuhl sitzen.

Ziel wäre ein entspanntes Liegenbleiben Ihres Hundes, auch, wenn der Besuch in den Flur hereinkommt.

Die einzelnen Generalisierungsschritte könnten so aussehen:

• Sie stehen vom Stuhl auf und setzen sich wieder.

• Sie stehen vom Stuhl auf, strecken sich und setzen sich wieder.

• Sie stehen vom Stuhl auf und setzen sich auf die Couch.

• Sie stehen von der Couch auf und gehen zum Tisch, um dort ein Glas zu holen.

• Sie gehen mit dem Glas durch das Wohnzimmer.

• Sie gehen etwas zügiger durch das Wohnzimmer.

• Sie gehen kurz aus dem Wohnzimmer heraus und wieder hinein.

• Sie gehen vom Wohnzimmer heraus und zur Haustür.

• Sie gehen vom Wohnzimmer heraus zur Haustür und bleiben kurz dort.

• Sie gehen durch die ganze Wohnung.

• Sie gehen singend durch die ganze Wohnung.

• Sie gehen durch die Wohnung und sagen plötzlich „Hallo".

• Sie gehen singend zur Haustür.

• Sie gehen zur Haustür und beginnen dort zu singen.

• Sie gehen zur Haustür und sagen dort plötzlich „Hallo".

• Sie gehen zur Haustür und öffnen diese.

• Sie gehen zur Haustür, öffnen diese und sagen „Hallo".

• Sie telefonieren.

- Sie gehen telefonierend durch die Wohnung.

- Es klingelt.

- Es klingelt und Sie gehen zur Haustür.

- Sie öffnen die Haustür für Ihren Besuch.

- Ihr Besuch betritt Ihr Haus.

- Sie lassen den Besuch herein.

Wichtig!

Gehen Sie immer erst zur nächsten Schwierigkeitsstufe über, wenn Ihr Hund die vorherige ohne Probleme geschafft hat. Ohne Probleme bedeutet, dass Ihr Hund weiterhin entspannt auf der Decke liegen geblieben ist.

Kommt Besuch und Sie sind im Training noch nicht so weit, dass es auch hier klappt, gehen Sie zum Management über.

Bombensicheres „Bleib"

Damit Sie gelassen zur Haustür gehen können, um Ihren Besuch herein zu bitten oder in die Küche zu gehen, um Kuchen zu holen, braucht es eines – Ihr Hund muss sicher, wirklich bombensicher, auf seinem Platz bleiben können, egal, was um ihn herum passiert.

Für Ihren Hund erfordert das „Bleib" in aufregenden Situationen sehr viel Impulskontrolle. Er muss seine Neugier und seinen Wunsch, mitten im Geschehen zu sein, zurücknehmen und ruhig warten. Das ist eine Meisterleistung.

Beginnen Sie damit, Ihren Hund in eine Position zu bringen. Das kann entweder ein ganz normales Sitz oder Platz sein, aber auch seine Decke.

Nun geben Sie Ihrem Hund das Signal fürs Bleiben. Bei mir ist das Signal dafür „Bleib" und das Handzeichen „flache, entgegengestreckte Hand".

Bewegen Sie sich nun nur einen Wiegeschritt von Ihrem Hund weg. Bleibt Ihr Hund sitzen, folgt sofort sein Markersignal. Um ihm seine Belohnung zu geben, gehen Sie IMMER zu Ihrem Hund zurück. Ihr Hund soll lernen, wirklich zu warten, bis Sie wieder bei ihm sind.

Sollte er nach dem Marker aufstehen, führen Sie ihn kommentarlos mit seiner Belohnung wieder in die vorherige Position. Die Belohnung bekommt er nun trotzdem, da das Markersignal das richtige Verhalten verstärkt hat.

Durch das Aufstehen hat Ihnen Ihr Hund jedoch ein Signal gegeben, dass dieser Übungsschritt gerade zu viel für ihn war.

Machen Sie die nächste Übung wieder ein bisschen leichter, sodass Ihr Hund wieder alles richtig ausführen kann.

Ihr Hund hat nun eine Idee was das „Bleib" bedeuten soll. Ihr Ziel ist es, dass er, egal was um ihn herum passiert, an Ort und Stelle verweilt. Und genau das dürfen Sie nun üben. Jetzt geht es darum, Ablenkungen einzubauen. Sehen Sie sich dazu Seite 68 an.

Eindeutige Signale erleichtern Ihrem Hund das Lernen.

Bringen Sie nach und nach immer mehr Distanz ins Training ein. Steigern Sie diese langsam.

Doch nicht nur Distanz ist wichtig beim Üben des „Bleib", sondern auch, dass Sie Ihr Verhalten verändern. Drehen Sie Ihrem Hund den Rücken zu, bewegen Sie sich ein bisschen schneller, rufen Sie ein „Hallo" in Richtung Tür, öffnen Sie die Tür.

Besucherregeln

Alles Training hilft nur bedingt, wenn Ihnen der Besuch in die Quere kommt und Ihre Trainingsmaßnahmen untergräbt.

Aus diesem Grund gilt: Auch der Besucher muss erzogen werden!
Nicht nur Ihr Hund soll Regeln einhalten, wenn Besuch kommt, sondern auch Ihr Besuch soll sich an bestimmte Regeln im Umgang mit Ihrem Hund halten:

1. Ihr ausgesuchtes Begrüßungsritual einhalten. Nur so wird Ihr Hund zukünftig wissen, was Sie von ihm erwarten.

2. Ihren Hund nicht ansprechen und nicht zum Kommen motivieren. Wie soll Ihr Hund es sonst schaffen, ruhig auf seiner Decke zu warten?

3. Ingoriergebot für die erste halbe Stunde nach dem Ankommen. So hat Ihr Hund Zeit, sich zu beruhigen und Ruhe kann einkehren.

4. Den Hund nicht beobachten. Dies könnte ihn sonst wieder motivieren, sich mit Ihrem Besuch zu beschäftigen.

Typische Besuchssituationen und möglicher Ablauf

Jetzt haben Sie eine Menge Trainingswerkzeuge kennengelernt, um Ihren Hund zu einem höflichen Gastgeber zu erziehen.

Im Folgenden möchte ich Ihnen einige Beispiele geben, wie Sie mit speziellen Situationen umgehen können.

Situation 1:
Hier haben wir einmal die liebe Familie Schneider. Familie Schneider hat zwei Kinder und liebt Hunde. Sie möchte Ihnen gerne beim Training helfen und Sie unterstützen. Die Kinder freuen sich schon sehr darauf.

Für Sie ist das ein gefundenes Fressen, um im Training voranzukommen.

Sie könnten die Kinder der Familie Schneider bitten, immer wieder zu klingeln, wenn diese an Ihrem Haus vorbei laufen.

So können Sie ganz gezielt am Klingeltraining arbeiten.

Zudem können Sie die Begrüßungsmanieren üben, und das nicht nur mit Erwachsenen, sondern auch mit Kindern.

Als kleines Dankeschön können Sie den Kindern eine Tafel Schokolade oder ein Eis spendieren. Sie werden sich darüber freuen und weiterhin toll mitarbeiten.

Situation 2:

Jetzt haben wir unsere Freundin Silvia zu Besuch. Silvia mag Hunde ebenfalls, doch sie ist immer sehr schön angezogen und möchte keine Hunde-haare auf ihrer Kleidung haben.

Dies ist eine geniale Möglichkeit, um die gelernten Verhal-tensweisen „Geh auf deine Decke und bleib da" zu festigen.

Da Silvia Hunde mag, dürfte Ihr Hund bestimmt mit Hilfe der Sitzdose kurz Kontakt aufnehmen.

Situation 3:

Nun haben wir aber auch noch Herrn Förster, der Angst vor Hunden hat und sich kaum über die Türschwelle traut.

Herr Försters unsicheres Verhalten könnte Ihren Hund dazu bringen, wieder zu reagieren. Deshalb ist hier die beste Variante, Ihren Hund von vornherein in ein anderes Zimmer zu bringen. Dies setzt natürlich voraus, dass das gut geübt worden ist.

Situation 4:
Handwerker kommen ins Haus. Hier wird es oft laut und sehr unruhig.

Beschränkt es sich nur auf den Aufbau von Möbeln, können Sie Ihren Hund entweder auf seinen Platz schicken oder aber in sein Zimmer bringen.

Wird es zu laut und hektisch, empfehle ich, den Hund in Ihr Auto zu setzen. Vorausgesetzt, es ist nicht zu heiß und er fühlt sich dort wohl.

Geht das nicht, versuchen Sie, ihn mit tollen Kausachen etwas abzulenken.

Geräuschkulisse

Nicht nur wenn Besuch kommt kann es zu Problemen kommen. Auch schon Geräusche außerhalb der Wohnung können Ihren Hund dazu veranlassen, mit Bellen anzuschlagen und sich aufzuregen.

Geräusche wie das Klappern des Briefkastens, das Parken eines Autos in der Hofeinfahrt, das Bewegen von Menschen oder Stimmen im Treppenhaus sind Geräusche, die in Ihrem Hund teilweise eine Vorahnung für einen möglichen Besuch auslösen.

schon anders aus. Hier sollte Ihr Hund lernen, sich bei den Geräuschen zu entspannen und nicht zu reagieren.

Geräusche, die plötzlich auftauchen, können bei Ihrem Hund also eine Vorahnung auslösen, aber sie können auch beängstigend auf Ihren Hund wirken, wenn er sie nicht zuordnen kann.

Auch hier gilt:
Ändern Sie die emotionale Grundlage Ihres Hundes im Bezug auf das aus-

Im Einfamilienhaus sind diese Geräusche meist wirklich mit dem nachfolgenden Besuch verbunden. Im Mehrfamilienhaus sieht das

lösende Geräusch, indem Sie ihm immer nach dem Auftauchen des Geräusches eine tolle Belohnung geben.

Ideal wäre es, wenn Sie die Geräusche vorhersehen oder nachstellen könnten. Das Training würde für Sie dadurch um ein Vielfaches einfacher werden.

Bitten Sie auch hier Ihre Nachbarn, Ihnen zu helfen.

Bei Geräuschen müssen Sie vorbereitet sein, und das immer. Geräusche können nicht einfach so abgestellt werden wie die Türklingel.

Stecken Sie sich einige tolle Leckerlis ein und beobachten Sie Ihren Hund.

Sobald Ihr Hund die Ohren spitzt, um ein Geräusch wahrzunehmen, beginnt Ihr Part. Markieren Sie genau dieses Verhalten und belohnen Sie ihn. Wiederholen Sie das so lange, bis das Geräusch wieder weg ist.

Je öfter Sie so auf die Geräusche reagieren, umso schneller wird Ihr Hund lernen, sich nach Bemerken des Geräusches Ihnen zuzuwenden.

Ist das Erregungsniveau Ihres Hundes schon etwas gesenkt, können Sie beginnen, ihm nach der Orientierung zu Ihnen eine Aufgabe zu geben. Schicken Sie ihn beispielsweise auf seine Decke und üben Sie dort das ruhige Bleiben weiter. So verbinden Sie Geräusch, Aufmerksamkeit zu Ihnen und ein alternatives Verhalten.

Früh übt sich! Vorbeugungsmaßnahmen

Sie haben jetzt viele Ideen an die Hand bekommen, was Sie tun können, wenn Ihr Hund bereits unerwünschtes Verhalten bei diversen Besuchssituationen zeigt. Doch wie überall im Leben gilt, je früher Sie mit dem Training anfangen, desto leichter wird es Ihnen und Ihrem Hund fallen.

Deshalb nutzen Sie die Gelegenheit und beugen Sie dem falschen Verhalten schon jetzt vor.

Integrieren Sie die in den Kapiteln vorgestellten Übungen wie das Deckentraining oder das Klingeltraining schon von Anfang an in Ihren Alltag.

Versuchen Sie, so viel Besuch wie möglich zu bekommen, damit Ihr Hund das erwünschte Verhalten auch üben kann. Kommt nur alle paar Monate einmal ein Gast zu Ihnen, wird es für Ihren Hund schwer sein, das Verhalten zu festigen.

Geben Sie Ihrem Hund keine Aussichtsplätze direkt am Fenster, an denen er freie Sicht auf die Grundstückseinfahrt hat.

Um das Bellen im Garten zu verhindern, sollte ebenso keine Freizeit am Zaun stattfinden, in der Ihr Hund sich selbst überlassen ist.

Machen Sie sich Freunde und lassen Sie Ihren Hund viele Leute kennenlernen und belohnen Sie ihn großzügig für richtiges Verhalten.

Und ganz wichtig: Erziehen Sie Ihren Besuch!

Nur wenn Ihr Besuch mitspielt und Sie in Ihrem Tun unterstützt oder aber zumindest nicht sabotiert, können Sie Ihren Hund zu einem tollen Gastgeber erziehen.

Von Klein an trainiert es sich am besten.

Danke

Dieses Buch ist mir ein persönliches Anliegen, da ich selbst lange Zeit Schwierigkeiten hatte, zuhause Besuch zu empfangen.

Deshalb danke an Frau Rau vom Kynos Verlag für die tolle Zusammenarbeit bei diesem und auch den anderen Büchern. Es macht immer sehr viel Freude.

Danke an meine Familie für Eure Unterstützung.

Danke an meine Trainerkollegen für unser super Netzwerk.

Danke an Katy Sonderschefer für das Korrekturlesen und den Gedankenaustausch.

Vielen Dank an meine tollen Kunden und ihre Hunde, die sich mir anvertrauen und es mir ermöglichen den Job zu tun, den ich liebe.

Und natürlich danke an meine beiden Fellmäuse Sheila und Lenni. Ihr seid die allerbesten Lehrmeister, die es auf der Welt gibt.

Über die Autorin

Sabrina Reichel ist behördlich zertifizierte Hundetrainerin und Hundeverhaltensberaterin und betreibt in Oberfranken ihre Hundeschule VitaCanis. Sie hat sich auf Alltagstraining und Problembewältigung für Familienhunde spezialisiert. Strukturiertes Herangehen an Trainingsherausforderungen und die Fähigkeit, den Hundebesitzern das richtige Vorgehen zu vermitteln, sind ihre besonderen Stärken. Sie ist Autorin mehrerer Bücher und Zeitschriftenartikel zum Thema Hundetraining und gibt Seminare in Deutschland und Österreich.

Quellenangaben

Bücher:
Maria Hense und Christine Sondermann, *Spiele für die Hundestunde: Mit Spaß und Erfolg zur Alltagstauglichkeit*. Cadmos Verlag, 2011.

Sabrina Reichel, *Leinenrambo. Positiv trainieren – entspannt spazieren*. Kynos Verlag, 2014.

Dorothee Schneider, *Die Welt in seinem Kopf. Über das Lernverhalten von Hunden*. Animal Learn Verlag, 2005.

James O'Heare, *Die Neuropsychologie des Hundes*. Animal Learn Verlag, 2009.

Videos:
YouTube-Kanal von Emily Larlham

Serviceteil

Empfehlenswerte Hundeschulen
VitaCanis – Coaching für Hundehalter, Blog und Online-Kurse
www.vitacanis.net

CumCane Hundeschule
www.cumcane.de

IBH Internationaler Berufsverband der Hundetrainer/innen e. V.
www.ibh-hundeschulen.de

Hundetraining Franken
www.hundetraining-franken.de

Kläfftreff – der Onlineclub für Dich und Deinen Hund
www.kläfftreff.de

Trainernetzwerk
www.trainieren-statt-dominieren.de

Trainernetzwerk
http://petprofessionalguild.com/

YouTube-Kanal
Tipps und Anschauungsmaterial zu Übungen aus diesem Buch
https://www.youtube.com/user/VitaCanisVideos

VitaCanis-Letter
Tipps, Gedankenanstöße und Fachwissen für jeden Hundehalter
www.vitacanis.net/kontakt/newsletter

Das eigene Trainingsprotokoll

So verhält sich mein Hund aktuell wenn es klingelt:

Diese Ziele möchte ich erreichen:

1.

2.

3.

4.

5.

6.

7.

84

Datum	Situation	Übung	Verhalten Hund
17.05.2016	Bezugspersonenn sitzen auf der Couch und unterhalten sich	Deckentraining	Hund bleibt ruhig liegen für die ersten zwei Minuten, sobald Gespräch angeregter wird, wird Hund nervöser

Besonderheiten (mein eigenes Verhalten, Ereignisse vor dem Training, etc.)

17.05.2016 Leckerli musste in kurzen Abständen gegeben werden

Datum	Situation	Übung	Verhalten Hund

Besonderheiten (mein eigenes Verhalten, Ereignisse vor dem Training, etc.)

Datum	Situation	Übung	Verhalten Hund

Besonderheiten (mein eigenes Verhalten, Ereignisse vor dem Training, etc.)

Datum	Situation	Übung	Verhalten Hund

Besonderheiten (mein eigenes Verhalten, Ereignisse vor dem Training, etc.)